科学のとびら57

人間とは何か

先端科学でヒトを読み解く

武田計測先端知財団 編

榊 佳之・山極寿一
新井紀子・唐津治夢 著

東京化学同人

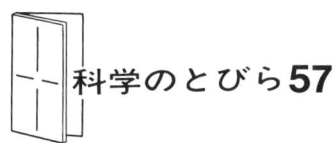

まえがき

武田計測先端知財団では、世界の生活者の富と豊かさ・幸せを増大させる科学技術とアントレプレナーシップ（起業家精神）の発展をふまえて、大きなテーマを選び、毎年シンポジウムを開催しています。

近年の科学技術は、単一の領域に限られることなく、多くの分野が関連するたいへん複雑なシステムになっています。最近三年はこのような複雑なシステムの解明と理解につながる「ゆらぎ」、「自己組織化」、「つくって理解」というさまざまなアプローチをシンポジウムのテーマとしました。宇宙の始まりから、生命・細胞、再生医療、人間社会、シロアリ、量子ドットなど、広範の課題を対象として取上げてきました。

今回は、複雑なシステムの最右翼ともいうべき、『ヒト』を正面から取上げてみました。ヒトゲノムが解読されて一〇年の節目にゲノム理解の意味と影響を榊 佳之先生に、人間に近づこうとする人工知能が東大入試を突破できるかというチャレンジの様子を新井紀子先生に、ヒトを他の生物と差別化したとされる言語コミュニケーションを通して、ヒト、ゴリラ、チンパンジーの社会性の比較を山極寿一先生に話していただきました。

本書は、この「武田シンポジウム２０１４ 人間とは何か？」の三人の演者が、講演を基に書き下ろしたものです。

三つの切り口から、『ヒト』という複雑なシステムにどう向き合ってゆくのかを考えるきっかけが得られるのではないでしょうか。日常社会生活を送る中で、またニュースの紙面を通じて『ヒト』の挙動や考え方などを、私たちは何の疑問もなく天与の基本的性向として受入れています。しかしその生物としての仕組みや思考の論理的組立て、他者との共感性、差別感などが、どういう原理原則に則って成り立っているのかという点に思いを致すと、摩訶不思議な『ヒト』の存在の深淵に気づき、これから何を考えてゆくべきか、多くの課題が見えてきます。よりよい人間関係の構築、幸せ感や満足感をどのようにして得てゆくか、安定と発展のバランスをどうとるかなど、思うことはたくさんあります。

そのような、『ヒト』理解の深まりを求めてゆくことが、日常をより豊かにしてゆくためのきっかけになることを期待します。

二〇一四年一〇月

一般財団法人 武田計測先端知財団
理事長 唐 津 治 夢

目次

第1章　ヒトゲノム解析は何をもたらしたか

榊　佳　之

1　ヒトとは何か――二重らせんがもたらした革命

「われわれはどこから来たのか、われわれは何者か、われわれはどこへ行くのか」これはゴーギャンの有名な絵のタイトルですが、まさにこの本のテーマともいえます。「われわれはどこから来たのか」というのは、山極先生が類人猿とヒトとの違いからふれていますし（第3章）、「どこへ行くのか」というのは、新井先生のテーマ、人工知能（第2章）につながると思います。そこで、私は「われわれは何者か」という視点からお話ししようと思います。

人間を理解する方法にはさまざまなアプローチがあります。人間は複雑な対象ですから、一筋縄ではゆきませんが、医学あるいは生物学の立場からいえば、まず、われわれの身体の仕組みを理解し、われわれがどのように成り立っているのかを知ったうえで、われわれは何者かを理解することが大事だと思います。古代ギリシャのヒポクラテスは、観察と臨床を重んじる経験科学によって、論理的に人間を理解しようと試みました。それが「われわれは何者か」の源流にあります。

一九世紀に、遺伝学を発展させるきっかけになった法則がメンデル（Gregor Mendel, 一八二二～一八八四）によって提唱され、それ以降は生命体そのものを、論理的、つまり、科学的に解明できるようになりました。その流れの中で、ヒトを理解するための非常に大事な発見がありました。

ワトソン（James Watson, 一九二八〜）とクリック（Francis Crick, 一九一六〜二〇〇四）による**DNA二重らせん**構造の発見です。ヒトに限らず、生体を形づくる情報が、たった四種類の塩基（A、G、C、T）配列として構成されているとわかったことは、生物学の研究にとって一大革命でした。

2　ヒトゲノム計画とその成果

ワトソンとクリックによる二重らせん構造の発見を契機にして、微生物遺伝学や分子生物学が発展し、遺伝学の原則的なものが明らかになりました。さらに、DNAを直接扱った遺伝子組換え技術やDNAの塩基配列を解読するシーケンス法が開発され、ようやくヒトの遺伝情報を理解する研究領域に力を注ごうということになったわけです。そうした流れの中で一番大きな挑戦がヒトゲノム計画です。

そもそも、**ヒトゲノム**はどこにあるのでしょうか。成人の身体の中には、約六〇兆個の細胞があります。大人の身体になるまでには長い時間がかかりますが、最初は父親由来の精子と母親由来の卵が結合した一個の受精卵です。この一個の受精卵が何回も分裂を繰返し、それぞれが身体の組織の細胞に分化してゆくことで、私たちができ上がります。身体をつくっている細胞一個一個の中に核があり、この核の中に父親由来と母親由来のＤＮＡが一セットずつ含まれています。このＤＮＡ上に記されている、ヒトがヒトであるために必要な遺伝情報が全ヒトゲノムです。

ＤＮＡが私たちヒトの遺伝情報を担っているということは昔から考えられてきましたが、どのような情報が含まれているかということは明らかになっていませんでした。ヒトゲノム計画とは、ヒトゲノムＤＮＡを構成するＡ、Ｔ、Ｇ、Ｃという塩基の配列を決定し、その意味を読み解くプロジェクトです。そこには、ヒトゲノムという、いわばヒトの遺伝情報の基本設計図を読み解くことで、ヒトの身体の仕組みを理解しようという思いがありました。

ヒトゲノムを読み解くうえで不可欠な、ＤＮＡの塩基配列を決定する方法は、英国のサンガー（Frederick Sanger, 一九一八〜二〇一三）、米国のギルバート（Walter Gilbert, 一九三二〜）らがそれぞれ開発していました。彼らの開発した技術を利用したヒトゲノムの解析は一九七七年から始まったのですが、技術としてはきわめて未熟で、当時はヒトゲノム全体が本当に解読できるとは思われていませんでした。

そういうときに、日本の和田昭允《あきよし》（一九二九〜）と米国のリロイ・フード（Leroy Hood, 一九三八〜）の二人が、「塩基配列の読み取りを自動化すれば、大量の情報が読み取れるはずだ」という画期的な提案をしました。彼らの提案は、生命科学に工学的なセンスを取入れたという点で、当時としては非常にユニークな発想でした。以来今日に至るまで、ゲノム解読に用いられる機械、

図1・1　バミューダ島でのヒトゲノム計画国際チームの会合（バミューダ会議） 写真は第3回（1998年）のもの．前列中央がワトソン．

シーケンサーの発達のおかげで、全ヒトゲノムの解読が飛躍的に進んできました。

ヒトゲノム解読のプロジェクトは、最新のテクノロジーと生命化学や情報科学などの英知を結集し、国際チームとして進められました（図1・1）。研究を進めるに当たっては、膨大な解析結果を学問の基盤とするということで合意しました。オープンイノベーションという、生命科学では非常に新しい考え方です。まず全ゲノムのデータを基盤として作成し、その情報を各コミュニティーが活用して学問を発展させてゆくという方法です。これにより、ヒトゲノムの全解読は二〇〇三年に完了し、ヒトに関する知識や理解が非常に深まってきました。

ヒトゲノム情報を基にして、ヒトの生きる仕組みだけでなく個人の多様性や民族の多様性についての研究も行われました。ゲノムを出発点にすることで、「人間とは何か」を理解しようとしています。

3　ヒトゲノムを解析する技術

ヒトゲノムを体系的に調べるときの大事なポイントは、個人のゲノムの塩基配列をいかに速く、安く、正確に解読し、比較解析できるかということです。この要望に応えるために、DNAの塩基配列を高速で読むシーケンサーの開発が急速に進められました。ヒトゲノム計画で基準になる配列が決定されていたので、解析は容易となり、

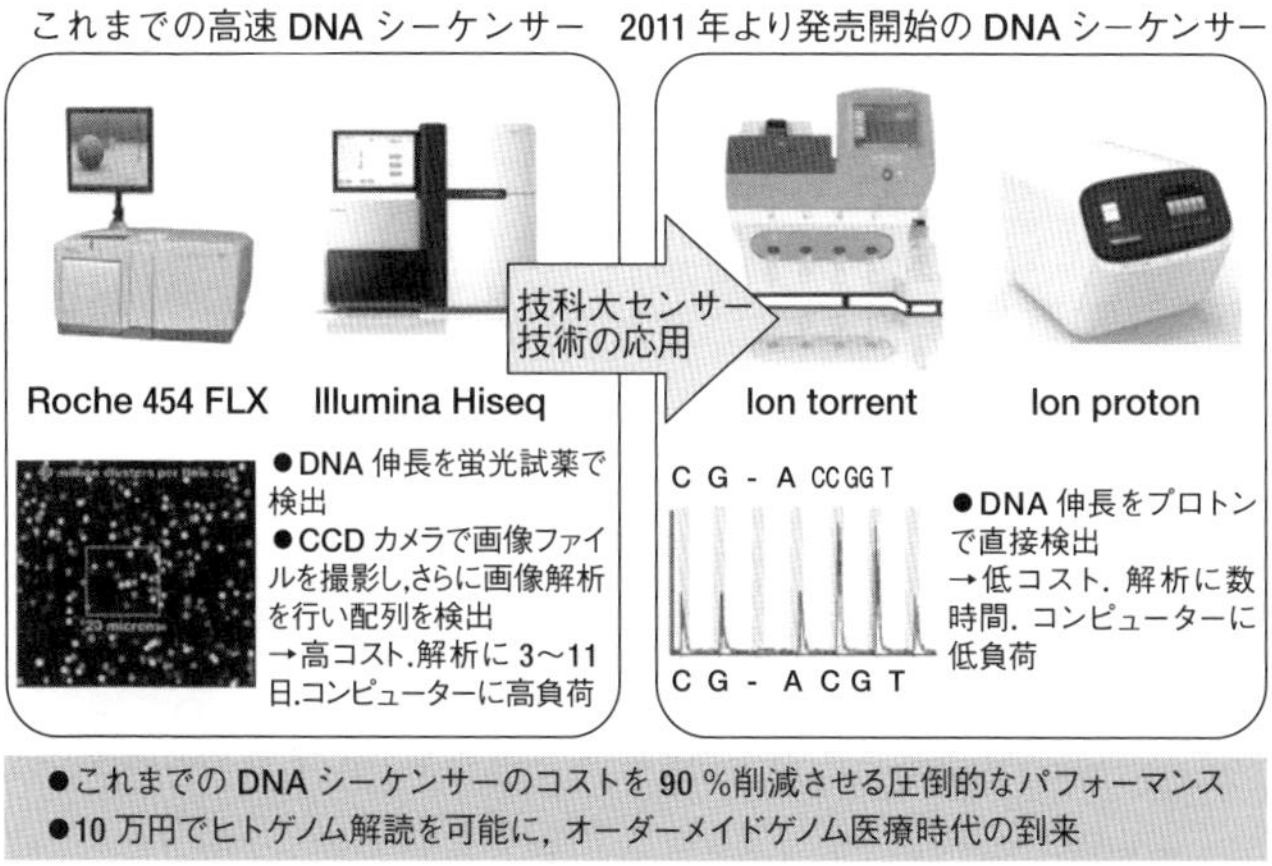
これまでの高速 DNA シーケンサー
2011 年より発売開始の DNA シーケンサー
Roche 454 FLX
Illumina Hiseq
技科大センサー技術の応用
Ion torrent
Ion proton
●DNA 伸長を蛍光試薬で検出
●CCD カメラで画像ファイルを撮影し,さらに画像解析を行い配列を検出
→高コスト.解析に 3〜11 日.コンピューターに高負荷
C G - A CCGGT
C G - A C G T
●DNA 伸長をプロトンで直接検出
→低コスト．解析に数時間．コンピューターに低負荷
●これまでの DNA シーケンサーのコストを 90 %削減させる圧倒的なパフォーマンス
●10 万円でヒトゲノム解読を可能に，オーダーメイドゲノム医療時代の到来

図1・2　豊橋技術科学大学のセンサー技術を用いた革新的 DNA シーケンサー　従来型（左）は蛍光試験を使った複雑な検出法．最新型（右）はプロトンを半導体チップで検出でき，高速・低コストが実現．（豊橋技術科学大学 広瀬 侑 氏の提供による）

現在では、ヒトゲノムを読むのに一日あるいは数時間しかかかりません。ヒトゲノム計画のときに使用されたシーケンサーは一日に約二〇〇万塩基を読むのが限界でしたが、最新のものは一日に七〇〇〇億塩基を読むことができます。一人のゲノムを読むコストにしても、会社にもよりますが、一〇万円で読める時代になっています。

このような高速シーケンサーの出現には日本で開発された基礎技術が大きく貢献しました。具体的には、ライフテクノロジーズ社が開発した最新のDNAシーケンサーには、豊橋技術科学大学の澤田和明教授のグループが開発した半導体センサーの技術が欠かせませんでした。澤田グループは、DNAの塩基配列を読む段階で二リン酸（ピロリン酸）と同時に生じるプロトン（水素イオン）を高感度に検出するチップを開発し、解読のスピードとコストを飛躍的に改善しました（図1・2）。

4　ゲノムが解き明かす疾患メカニズム

ヒトゲノム情報からヒトの身体の仕組みへの理解を深めようという動きが出てきました。ヒトをシステムとして理解するという考え方です。なかでも、疾患のメカニズムや、薬の効きやすさなど、体質に関係する遺伝子タイプに関する研究は、急速に発展してゆきました。

図１・３は模式的な大腸がんの多段階発症モデルです。実際にはもっと複雑ですが、小さいポリープから大きいポリープ、大きいポリープからがん、がんがさらに転移するという流れの中で、段階ごとに特定の遺伝子に変異が起こります。手術などで摘出したがんの組織で遺伝子の変異を調べることによって、がんのタイプを分けることができるのです。そのおかげで、それぞれのタイプに合った治療を選択することができるようになりました。

また、薬の副作用や薬の適量は、個人の遺伝子タイプによって異なります。たとえば、血液凝固を防ぐワルファリンの効きやすさも遺伝子タイプによって個人差が大きいのですが、投与する前に遺伝子タイプを調べることで、その人にとっての適量を投与することが可能になりました。オメプラゾールという胃潰瘍の薬も、遺伝子タイプによっては肝臓に蓄積して肝障害を起こします。この薬についても遺伝子検査によって治療法を選ぶことができるようになりました。このような例は他にもありますが、薬の副作用を防ぎながら、遺伝子タイプによって適切な薬の投与ができるようになり、全体からいえば、ヒトゲ

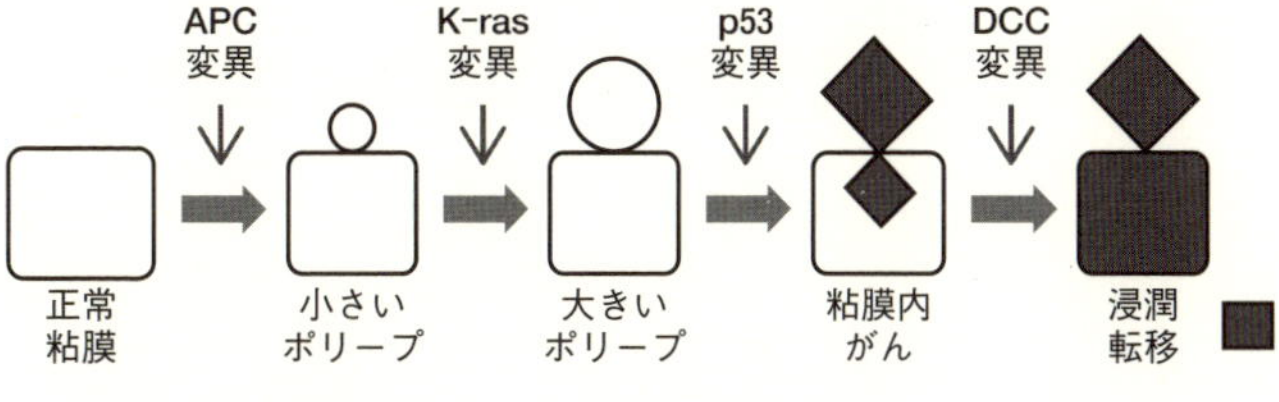

図１・３　（理解しやすいように非常に単純化された）大腸がんの多段階発症モデル

ノムの解読が医療の質の向上に貢献しています。

5　人種、民族による違い

ヒトゲノム計画が終わり、多様な民族や地域での研究が進むと、人種ごと、地域ごとに遺伝的な多様性があるということもわかりました。たとえば、β_3アドレナリン受容体の遺伝子には、トリプトファンタイプとアルギニンタイプの二つがあり、これが肥満に関係するといわれています。トリプトファンタイプは、体脂肪の分解活性が非常に強く、脂肪代謝を促しますから肥満にはなりにくい。一方、アルギニンタイプは、取込んだものをできるだけ分解しないように倹約して使うので、現代のような飽食生活をすると、この遺伝子タイプのヒトは肥満傾向になることがわかっています。したがって、このタイプは肥満型・倹約型といわれています。

この遺伝子タイプについて調べた結果、人種・地域によって、もっているタイプの割合がずいぶん違うことがわかりました（図1・4）。このような違いが生まれた背景には、地域ごとの生活習慣に見合った遺伝子タイプをもつヒトがより生存に有利だったということがあると思います。

たとえば、ナウル人の遺伝子タイプ頻度はトリプトファンタイプがほぼ一〇〇％です。一方、日本人ではアルギニンタイプをもった人が四〇％近くになり、ピマインディアンではアルギニンタイ

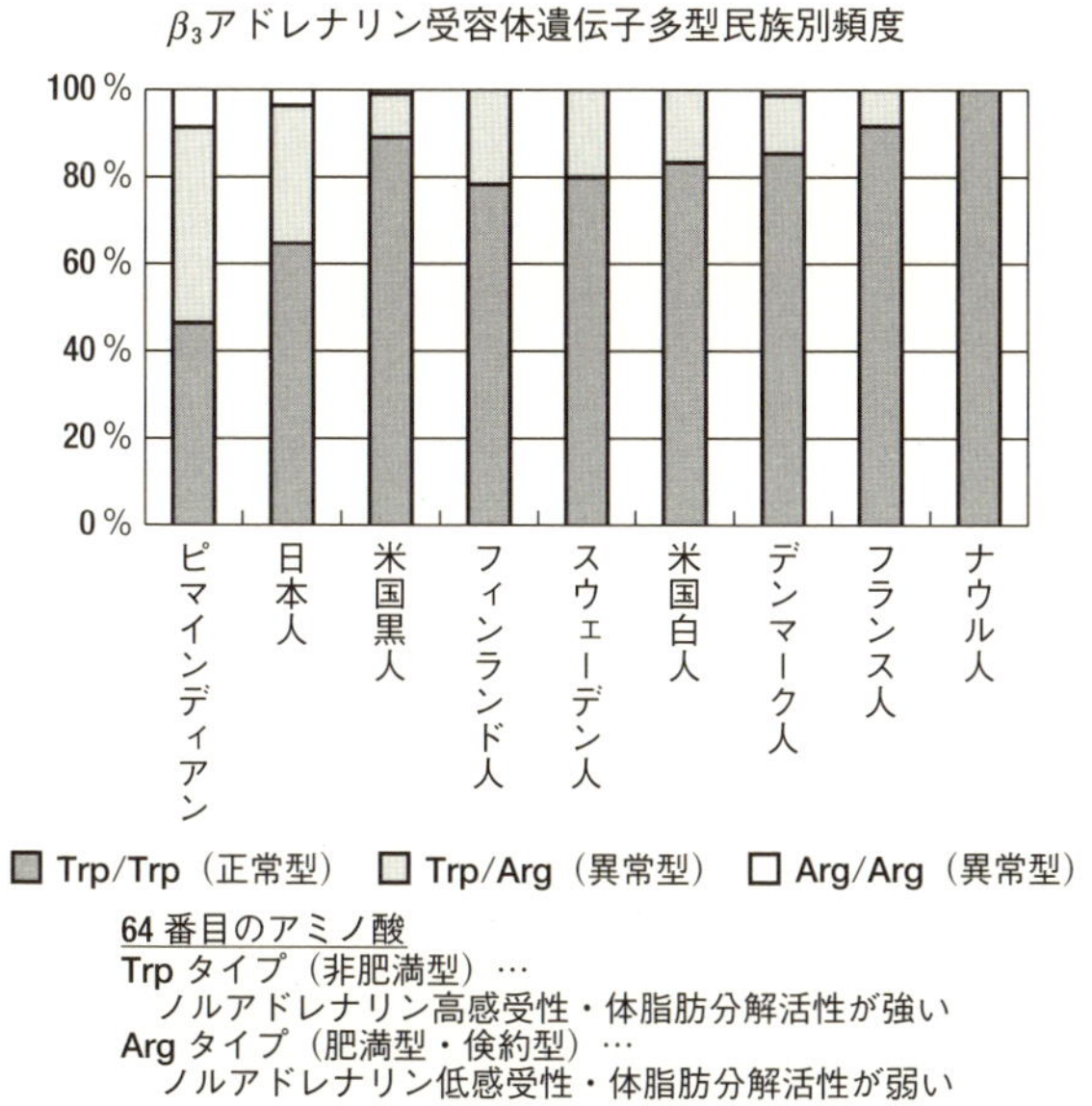

図1・4　環境により遺伝子タイプの選択が起こる（例：β_3アドレナリン受容体）（W. Y. Fujimotoらより）

プをもった人は六〇％を占めていま す。食料の入手が困難だった一部の地域では、体内に取込んだ栄養分の分解を抑えて倹約的に使うという体質が現在まで残っていると考えられます。

6　遺伝要因と環境要因

さて、最新技術を用いてヒトを解明するとき、ヒトゲノム、つまり、遺伝情報は大事ですが、それと一緒に考えなければならないのが環境要因です。

図1・5は、遺伝要因と環境要因の関わりを模式的に描いたもので

す。遺伝要因がほぼ一〇〇%のものから、環境要因がほぼ一〇〇%のものまであります。生活習慣病やヒトの体質の多くは、ほとんどこの間にあります。このように、遺伝要因と環境要因が複雑に作用するのが人間ですから、「ヒトの遺伝子を調べれば何でもわかる」ということではないのです。

遺伝要因と環境要因の関係は明確にわかるものではありません。今、それらの関係を明らかにするために、ヒトゲノムの解析・研究が進められています。つまり、疾患罹患グループや特定の体質や形質をもったグループを対照グループと比較して、特別に偏った配列がないかを解析してゆくものです。たとえば、九州大学では久山町、京都大学では長浜市、東北大学では岩手や宮城の集団に対して

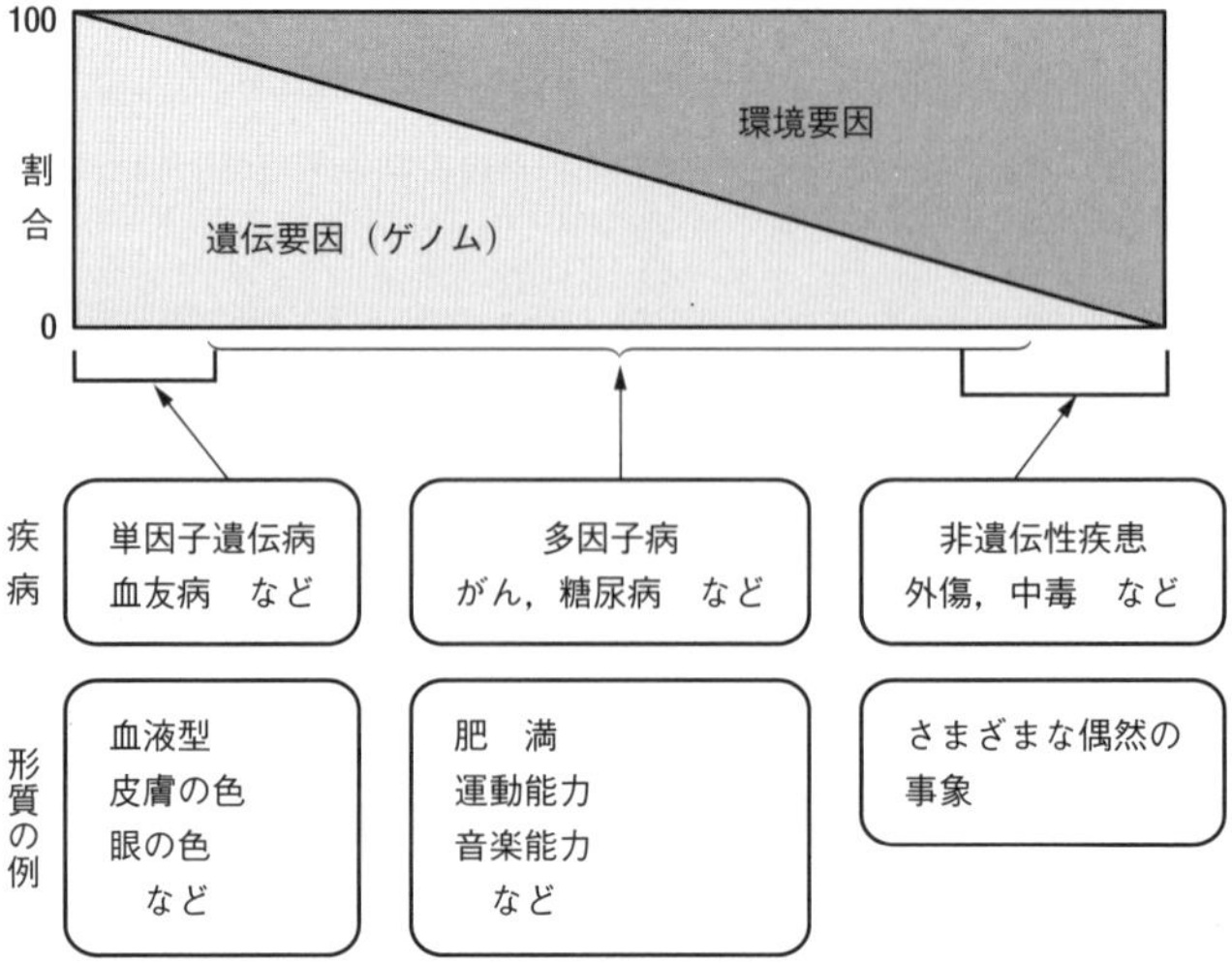

図1・5　私たちの身体の働きには遺伝要因と環境要因が関わっている

研究が進められています。久山町の研究グループは、町民の健康調査と遺伝子検査の結果から、脳梗塞の危険性を高める遺伝子タイプがあることを突き止めています。また、糖尿病になるリスクを上げる遺伝子も複数報告されています。これも、糖尿病患者の集団を対象に遺伝子検査を行った結果、特定の遺伝子タイプと糖尿病になりやすさとの関係が見つかったという例の一つです。

生命活動にはたくさんの遺伝子が絡んでいますので、疾患のリスクを高める遺伝子があるからといって、必ずしも疾患を起こすとは限りませんが、集団研究の結果から、日本人の平均的な遺伝的背景として、特定の遺伝子タイプをもった人たちが、ある種の疾患に対するリスクが高い傾向にあるということは、一般論としていえるのです。

このような研究の結果がニュースで取上げられたりすると、「糖尿病の原因遺伝子がわかった」とか、「これで糖尿病の解決につながる」というように、短絡的にいわれることがありますが、そうではなくて、集団研究を通した疾患研究の積み重ねのなかで、重要な因子がわかったということでしかないのです。

7　遺伝情報を利用した病気への対応

疾患関連遺伝子を利用して、疾患になる可能性が高い集団に対して、早い段階から予防、あるいは早期発見・早期治療をするという考え方が出てきました。脳梗塞や糖尿病になりやすい遺伝子タイプをもつ集団は、生活習慣を意識した予防的な生活をすることも可能です。

二〇一三年、ハリウッド女優のアンジェリーナ・ジョリーさんは、遺伝子検査を受けました。*BRCA1*という遺伝子の働きを見る検査です。この遺伝子は、本来ならば、がんを発生させないように働いてくれるはずなのですが、変異があると、変異をもっていない集団よりも乳がんや卵巣がんになる可能性が高くなります。アンジェリーナさんには、この遺伝子に変異があるという検査結果が出たのです。彼女は、乳がんを発症しないうちに、乳房の予防的切除術を選択しました。遺伝要因と環境要因が複雑に影響するなかで、これは遺伝要因と疾患との関係がかなり明らかになっていますので、発症前の有効な予防的選択肢が存在するケースです。

遺伝子の変異が疾患と直結するものは、単因子遺伝性疾患といわれます。有名なものでは、血友病や筋ジストロフィーがあります。ロシア王朝では、ある世代でこの血友病に関連する遺伝子に変異が起こったために、その後の世代に血友病が伝わったことがわかっています。アンジェリーナさんの例と異なるのは、この血友病になる遺伝子変異を受け継ぐと、間違いなく発症してしまうということです。このように、遺伝子に起こった変異が疾患の発症と密接に関わっている場合についても、医学的な研究が進められています。

また、ここ一〜二年話題になっているのは、生まれてくる前に母親の血液から胎児の遺伝情報を検査する技術ができたことです。この**NIPT**（non-invasive prenatal genetic testing，無侵襲的出生前遺伝学的検査）とよばれる技術は、胎児の遺伝情報をすべて知ることができるものではなく、染色体**トリソミー**の有無を確率で表します。ヒトの染色体は二三種類ありますが、通常はそれぞれが一対（二本）になっています。トリソミーというのは、どれかの染色体が一本多い状態（三本）になることです。NIPTでは、一三番、一八番、二一番の染色体がトリソミーの状態であるかどうかを検査することができます。二一番染色体が三本になった状態は、発見した医師の名前を取って、ダウン症とよばれています。

母親の血液を使って胎児の遺伝子タイプの状態を知ることができるというのは、妊娠中は母親と胎児は胎盤でつながっていることが理由です。妊娠中のある一定の時期にだけ、胎盤を構成する胎児の細胞が、胎盤を通じて母親の血液に紛れ込むことがわかりました。このことは、二〇一〇年に香港大学のデニス・ローという人が報告（文献1）しています。この発見を機に、母体血から得られる胎児のDNA（cfDNA, cell free DNA）を用いて、生まれてくる前に遺伝情報を解析しようという動きが、米国のシーケノム社を筆頭に起こりました。これは、DNAシーケンサーの技術が高度化

（文献1）Y. M. Dennis Lo, *et al.*, 'Maternal Plasma DNA sequencing Reveals the Genome-Wide Genetic and Mutational Profile of the Fetus', *Science Translational Medicine*, Vol. 2, Issue 61, p. 61ra91 (2010).

したから可能になったことです。

このように、ヒトのいろいろな特質を遺伝情報から調べてゆくことが、遺伝要因の占める割合が大きいものについては、非常に高い精度で行うことができるようなりました。それによって、有効な治療法・投薬の選択肢がある病気については予防的な対応が早い段階でできるようになりました。ヒトゲノム解析が進んだことで、このような道が開けたわけです。

8 遺伝子検査のビジネス的側面

遺伝子検査に関しては、病院で行われる検査以外に、ビジネスとして遺伝子検査を行う会社が多く出てきたことが議論になっています。海外、特に米国や中国では、病院を通さずに遺伝子検査キットが販売され、それを購入した消費者が唾液や口腔粘膜のサンプルを送り、ＤＮＡを解析してもらって、その結果を受取るというビジネスが始まっています。

医療で診断の対象としている疾患には、ある程度の科学的根拠があります。それに遺伝の専門医や認定遺伝カウンセラーが検査の説明や結果の解釈を助けてくれますが、ビジネスで行われる遺伝子検査の場合は、解析している側とその結果を受取る消費者の双方に遺伝情報に関する正しい知識がないと、単に混乱を招くだけだという問題が指摘されています。

ヒトゲノムを読み、それぞれの遺伝子の働きや疾患・体質との関連が明らかになってきましたが、集めた個人情報をどのように使ってゆくのかという議論と、集団全体としてのリスクを個人の体質を確定するかのような結果として被験者個人に返却することは、社会的に誤解を招く危険性があると思います。法的な制度の成立が必要とされているのですが、追いついていないのが現状です。

9 「体内環境」——ゲノムとエピゲノム

われわれがもって生まれた遺伝情報は変えられないという印象を受けています。しかし、ヒトゲノムが解読されてから、**エピゲノム**（epigenome）という視点でも研究が進みました。もって生まれた遺伝子には、環境に応じて、遺伝子の働きに活性化や抑制が起こる仕組みが備わっているのです。これは、ヒトゲノムの解読以前から、一卵性双生児を対象とした研究で、経験的にいわれていました。一卵性双生児は、ＤＮＡの塩基配列はまったく同じはずなのに、成長するに従って体質や感性に違いが出てきます。その理由は、ＤＮＡにメチル化という修飾が起こり、遺伝子の働きの制御に個人差が出るからです。ヒトゲノム計画が終わった現在は、環境によって、どのような遺伝子の制御が誘導されるかを調べる、国際エピゲノムプロジェクトが進められています。

もって生まれた遺伝情報がすべてではなく、環境によって変わってくることもあるということです。いくつかの例をあげると、マウスの胎仔では、DNA修飾の有無で、同じ細胞が神経細胞あるいはアストロサイト（神経細胞を取巻く（グリア）細胞の一種）に分化することができます。また、マウスの母親にメチル化を大量にひき起こす食餌（高メチル基質食）を与えることで、胎仔の毛色を決定する遺伝子が影響を受け、同じ母親から同時に生まれた子供の毛色に多様性が生じます（図１・６）。同様のことは、マウスだけでなく、ヒトでもいえるのではないかと考えられています。

もう一つ、胎児期の栄養状態が原因の推定されている研究ですが、ナチスドイツのときにオランダで悲惨な飢餓状態が続きました。そのときに妊娠していた母親から生まれた子供は、追跡調査の結果、成長したときに何らかの成人病を発症していました。これは母体内での栄養状態が胎児期の発達に何らかの影響を与えていて、それが成人になったときに影響を与える可能性があることを示唆しています。仮説にすぎませんが、栄養が十分に得られない環境で育った胎児では、糖の分解を促進するインスリンやその受容体の遺伝子にわずかな糖分を有効に使えるような修飾が行われ、戦争が終わって環境が変わり、栄養豊富な成人期になると、その修飾がアダとなって余分な糖を取込みすぎて糖尿病になるのではないかと推測できます。

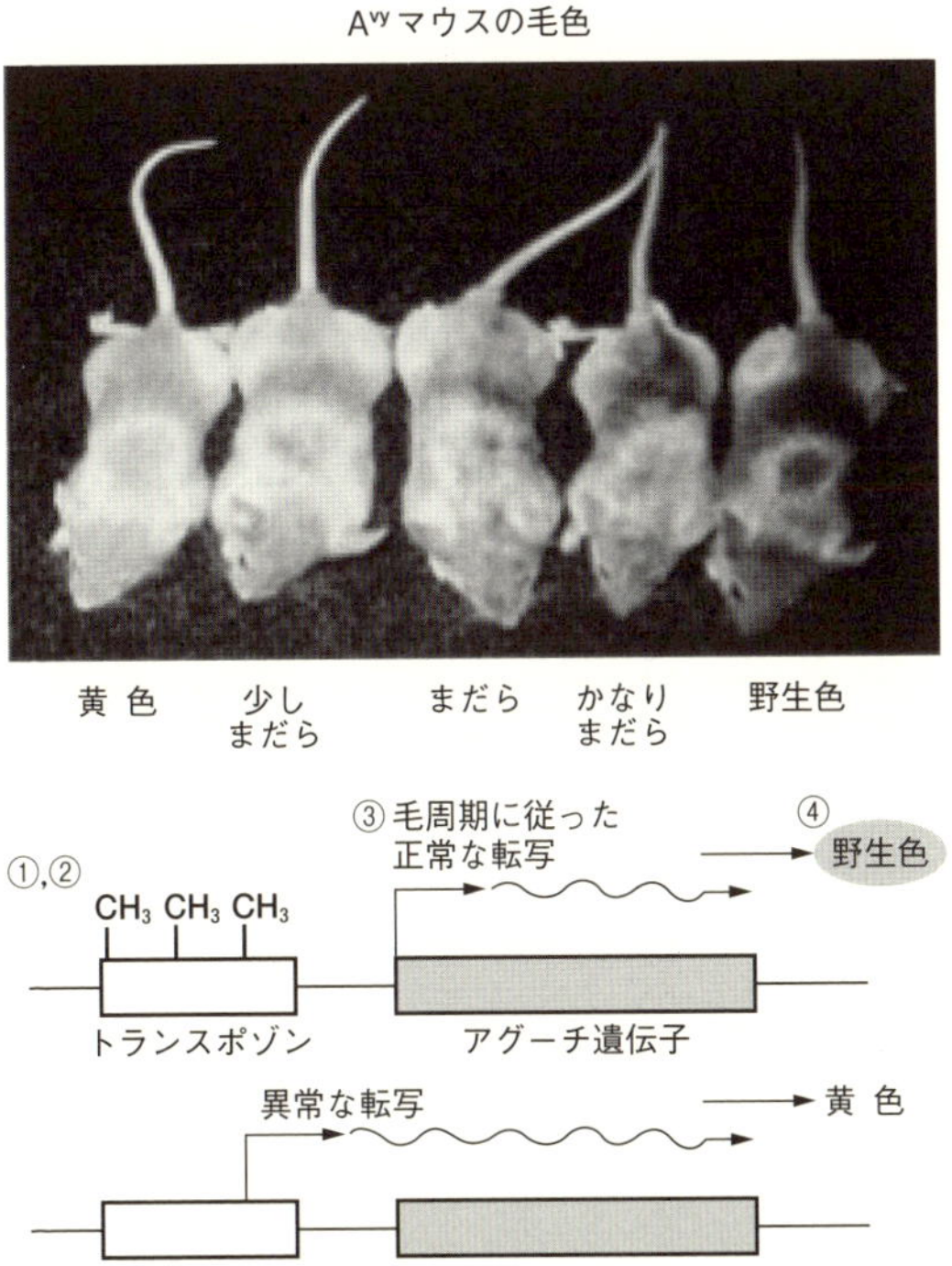

① 妊娠中・授乳中の母マウスに高メチル基質食（高ビタミン B_{12}，葉酸，コリン，ベタイン食）を与える
② A（アグーチ）遺伝子座上流のトランスポゾンのメチル化レベル上昇
③ A遺伝子座本来のプロモーターから転写
④ 野生色マウスの数 ＞ 黄色マウスの数

バリアブル・イエロー（vy）変異における毛色の変化はトランスポゾンのメチル化状態に依存する．このメチル化は個体の中でも変動しうる．

図1·6　食餌とエピジェネティクス　写真はR. A. Waterland, R. L. Jirtle, 'Transposable elements: targets for early nutritional effects on epigenetic gene regulation', *Mol. Cell. Biol.*, **23**, 5293–5300 (2003) より．

10 「体外環境」——体内環境に与える強い影響

胎児期から乳児期における母親の栄養が子供の成長や将来の体質に影響を与える可能性が示唆されてきました。また、そのときに獲得した体質は、子供だけでなく、その次の代まで遺伝する可能性があるという研究結果もあります。ＤＮＡのメチル化を通して、環境要因が遺伝要因に影響を与える可能性があるということです。

このように、遺伝子タイプを調べても、それが疾患に直結するとは、単純にはいえませんし、環境要因の影響は、エピゲノムというマーカーを使った研究が始まったばかりで、まだ特定の関係を明らかにするまでには至っていません。

エピゲノム研究の例として、京都大学の山中伸弥先生が作成したｉＰＳ細胞（人工多能性幹細胞）をあげることができます。これは、すでに分化した細胞に四つの遺伝子（山中因子という）を入れることによって、組織になるための遺伝子の修飾や固有の働きが記述されたプログラムをリセットできるということがわかった例です。これまでは、われわれの身体の細胞は、一度、血液細胞や筋肉細胞になると、もう元に戻れないというのが常識でしたが、山中先生の技術によって、必ずしもそうではないということがわかったわけです。今までの生物学あるいは医学の常識は、常識ではなくなる時代が来ています。ヒトの身体には、まだ多くの考えられないようなメカニズムが潜んでいます。

11　常在菌との関わり

ここまでは、受精卵から細胞へと、私たちの身体の中に焦点を当てた話題でしたが、身体の外の細胞にも大切な役割があります。たとえば、口から腸内まで、皮膚も含めて、体外とよばれている箇所には、たくさんの菌が巣食っています。これらの菌を常在菌といいます。常在菌の多様性は個人によって異なります。この事実は経験的にはいわれてきたことですが、ゲノム解析によって、ヒトの常在菌のどのような種類がどのくらいいるかを解析することができるようになりました。その結果、常在菌は、ヒトの健康に欠かせない存在であることが科学的に証明されました。常在菌もゲノムをもっているわけですが、それはヒトの健康と関係の深いゲノムです。

① ヒトを始め地球上の動物，昆虫，魚などの体内には多くの細菌(常在菌)がすんでいる．
② これら細菌は集団(細菌叢)を形成し，宿主との間で共生の関係にある．
③ 大部分は嫌気性菌であり，その培養や単離は容易ではない(難培養性)．
④ 体内部位により細菌叢を構成する細菌の種類，数，組成比などが異なっている．
⑤ 細菌叢を構成する細菌の種類，数，組成比などはヒトの健康や病気などによって大きく変化する．

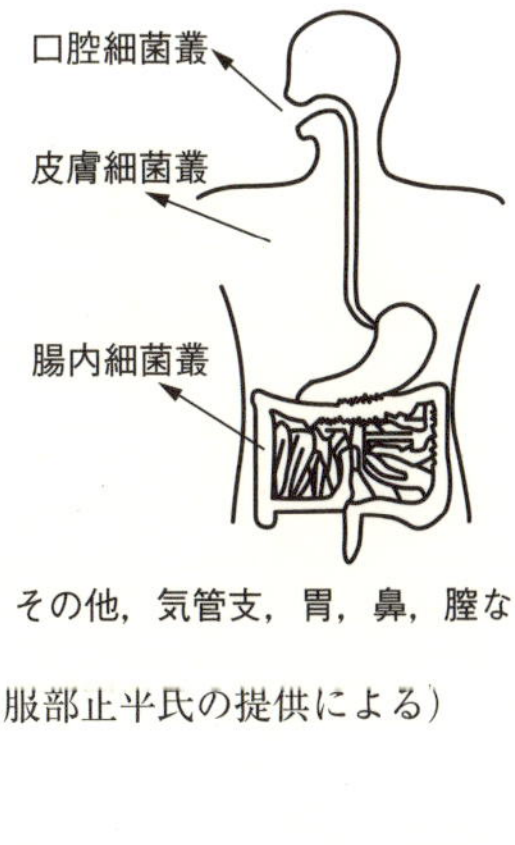

その他，気管支，胃，鼻，膣など

図１・7　ヒト常在菌叢（東京大学 服部正平氏の提供による）

私の同僚だった東京大学の服部正平教授の研究を紹介します。腸内にいる、ある種の繊維状の菌が腸の表面の部分と相互作用することで、特定の遺伝子の発現を刺激して、免疫系が活性化されることがわかりました（図1・7）。これがうまく働かないと、自己免疫疾患などのリスクが高くなるのです。個々の腸内細菌の働きが明らかになるにつれて、病気への有効な対応も可能になってきました。たとえば、潰瘍性大腸炎にはその特効薬が開発されています。

ほかにも、服部教授と理化学研究所の大野博司先生たちとの共同研究で、大腸菌O157の感染による症状の違いを調べたものがあります。O157に感染した集団の中には、症状が重くて亡くなる方から症状が軽い方まで、さまざまな方がいます。細菌学を研究している彼らは、その違いが腸内細菌の違いであると指摘しました。腸内を無菌にしたマウスにO157を与えると、マウスはすぐに死んでしまいます。大野先生のグループは、O157を与える前にいろいろな菌を与えておいたマウスで、O157によって死ぬか生き残るかのテストを行いました。その結果、ビフィドバクテリウム・ロンガム（*Bifidobacterium longum*）というビフィズス菌の一種を事前に与えた場合はO157に対して耐性があるということがわかりました（図1・8）（文献2）。その菌の遺伝子解

（文献2）S. Fukuda, *et al.*, 'Bifidobacteria can protect from enteropathogenic infection through production of acetate', *Nature*, **469**, 543–547（2011）.

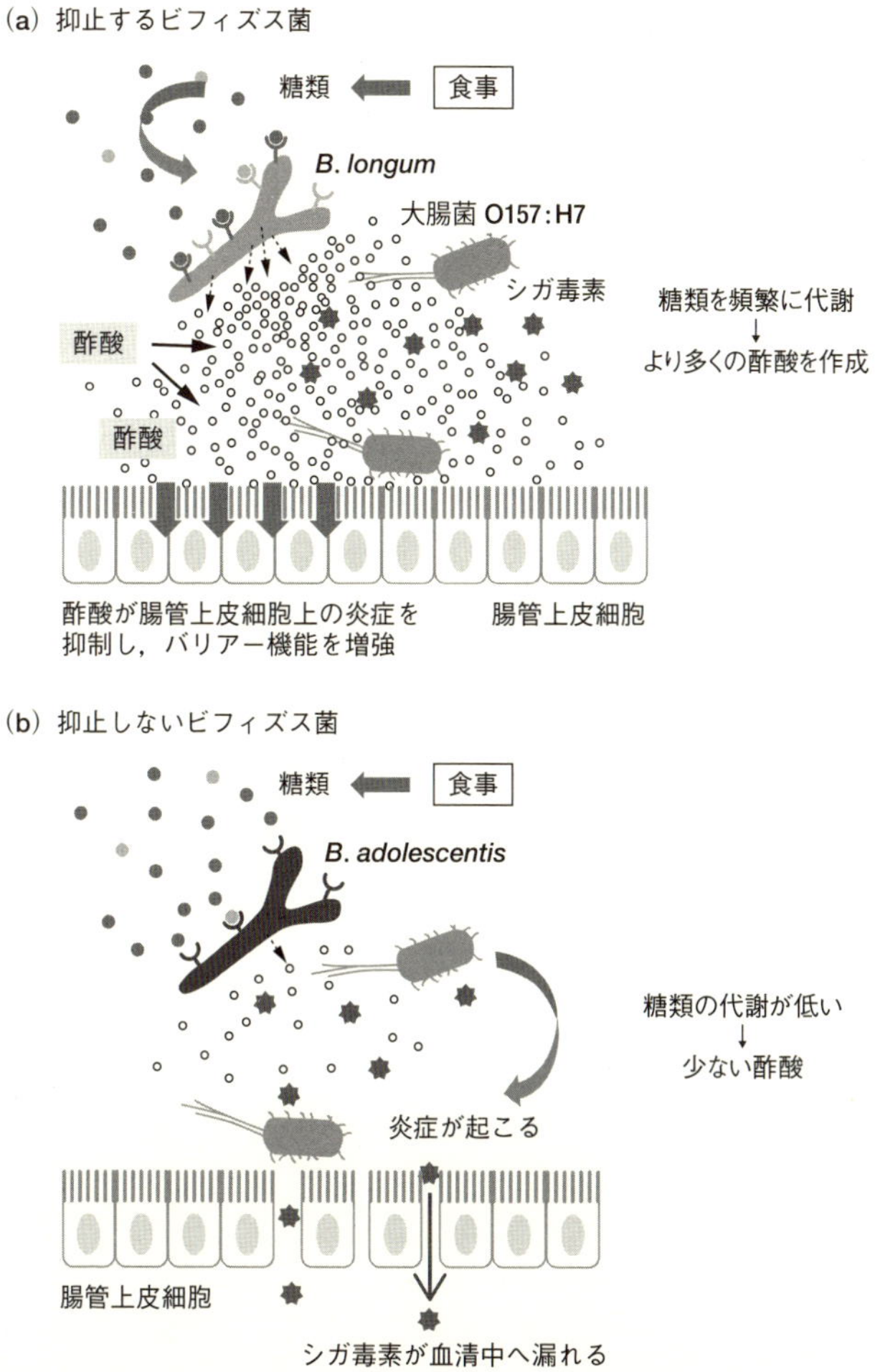

図1・8　腸内細菌の違いによる大腸菌 O157 感染症状の違い（東京大学服部正平氏の提供による）　S. Fukuda, *et al*., 'Bifidobacteria can protect host from enteropathogenic infection through production of acetate', *Nature*, **469**, 543–547（2011）より改変.

析によって、この菌はたくさんの酢酸を放出することもわかりました。推測では、この菌が生成する酢酸によって、腸内が酸性の状態に保たれるので、O157が生息・繁殖できないのではないかといわれています。

腸内細菌の研究もずいぶん進みましたので、特定の栄養ドリンクや乳酸菌飲料を飲むと健康を保てるというこれまでの経験的な観測に科学的な根拠が得られています。

12　変わらないもの・変わったもの・変えられるもの

以上のように、ヒトゲノムを調べることによって、遺伝子そのものの変異や環境によるDNAへの修飾がわかっただけでなく、体外の環境や常在菌との関わりがヒトの健康に関与していることがわかってきました。ヒトゲノム計画をやっていたときは、「ヒトゲノムを完全に読むことができれば、ヒトの基本は何でもわかり、病気も治る」と意気込んでいました。しかし、その後一〇年を経てわかったことは、その考え方は「大きな間違いであった」ということです。われわれヒトのゲノムそのものは変わらないけれど、ヒトゲノムはさまざまな変異や環境要因によって修飾を受け、体内・体外環境に巧みに適応しているということがわかってきたわけです。

そういう意味では、ゲノム解読からこの一〇年間でわかったこともわからないこともありますが、ヒトゲノム計画が始まったばかりのときの勇ましい状況とは大いに変わってきています。「人間とは何か」というテーマの答えとしては、「人間は生き物としても奥が深く、したたかで、その真の理解は未だ難しい」というしかありません。

第2章　人工知能はどこまで人間に近づけるか

新井紀子

私は皇居のすぐ隣にある国立情報学研究所に勤めております。国立情報学研究所は**情報学**に関する、国の唯一の専門研究機関です。情報学が社会にどのような影響を及ぼすかを、専門家以外の方とも一緒に考えてゆくために、「ロボットは東大に入れるか」というプロジェクトを二〇一一年に始めました。それは人工知能の研究で、情報学の「見える化」のためなのです。

1　人工知能にとって難しいこと、やさしいこと

人工知能については、四〇〇年くらい前から話としてはありましたが、当初は哲学的な問いでした。それが工学的な問いになったのは、汎用のコンピューターが開発された一九五〇年代のことです。人工知能の黎明期は一九六〇年代ですが、そのころは、「ここまで来れば人間の知能と同じものができる」と、たいへん勇ましいことが言われていました。しかし、フレーム問題（注1）とかシン

（注1）有限の情報処理能力しかないロボットは、現実に起こりうる問題すべてに対処しようとすると無限の時間がかかってしまう。そのため実行する枠（フレーム）をつくって、その中だけで思考しなければならない。その枠を人工知能につくらせるのは難しい。あらかじめフレームを複数個つくっておき、状況に応じて適切なフレームを選んで使うようにすれば解決できそうに見えるが、どのフレームを現在の状況に適用すべきかを評価する段階で同じ問題が発生してしまう。

ボルグラウンディング問題（注2）という本質的な問題に阻まれて、一九八〇年代の人工知能は細分化に向かいます。そして、一九九〇年代には、機械学習（注3）という手法が台頭して、さまざまな人工知能的な技術が私たちの生活の中に入り込むようになりました。

一九八〇年代の「人工知能は駄目かもしれない」と考えられたときから三〇年が経過して、ハードウェアの性能も向上し、膨大なデータが蓄積され、いろいろな手段が整備されてきました。そこで、もう一度総合的な知的タスクに正面から取組むことは、これまでの技術の発展の棚卸しとしても意味があると考えて、「**ロボットは東大に入れるか**」というプロジェクトを始めました。

私は、個人的にはロボットが東大に入ってほしいと思っているわけではありませんし、それがよいことだと思っているわけでもありません。「人工知能とは何か。人工知能にとって何が難しくて、何がやさしいのか」ということを、社会の中で考えてゆくためのベンチマーク（わかりやすい実例）として、東大入試をテーマにした研究をしているのです。東大入試問題を人工知能でどのようにして解いてゆくのかの具体的なことについては、『ロボットは東大に入れるか』に書きましたので、そちらを参照してください（文献1）。

ここでは人工知能はどこまで人間に近づけるか、そのときに何を考えなければならないかをお話しします。

2　チェスでも将棋でもコンピューターが勝った

皆さんの中には、一九九七年のコンピューターとチェスの名人との対戦を覚えている方もあると思います。その当時の私は、純粋数学と応用数理に関する研究所の一つ、トロントにあるフィールズ研究所（Fields Institute）の客員研究員をしていましたので、トロントでこの対戦を知りました。

コンピューターの挑戦を受けたのは、ガルリ・カスパロフ（Garry Kimovich Kasparov, 一九六三〜）という二〇世紀最高のチェスプレイヤーとよばれた人です。そのカスパロフがＩＢＭのディープブルーに六番勝負で負けたのです。それまでは、チェスができるということは人間の知性を表すものだと信じられていましたし、その中でもカスパロフは最高のチェスプレイヤーとよばれていましたので、たいへんな失望というか、ショックを受けたことをよく覚えています。もちろん、そういう時代に来ているということは、皆も薄々知ってはいたのですが。

（注2）人工知能システムで使ういろいろなシンボル（記号）をどのようにして実世界の意味と結びつけるかという問題。人工知能にこの結びつきをつくらせるのは非常に難しい。
（注3）多数のデータがもつパターンや規則性などを見つけ、それを予測に生かすための技術。
（文献1）新井紀子 著、『ロボットは東大に入れるか』、イースト・プレス（二〇一四年）。

また、二〇一三年四月に新聞紙面をにぎわせたのは、第二回将棋電王戦で将棋のプロ五人がコンピューター将棋と戦い、一勝三敗一引き分けで人間が負けたというニュースでした。第五局で勝ったのは、東京大学大学院のゲームプログラミングセミナーの教員と学生が中心になって開発したGPS将棋というソフトウェアで、東京大学の研究室のコンピューターをマスター（主装置）とし、学生用のコンピューター六六七台をスレーブ（従属装置）とするクラスター構成のコンピューター上で作動させました（注4）。

人工知能学会は、「将棋では当然プロに勝ちます。もうそういう時期で、次は囲碁です」と言っていました。その意味では想定内だったのですが、やはり、目の前で人間のプロが負けるのを見ると、たいへんな感慨があったのだろうと思います。

3　コンピューターは選択問題が得意？

コンピューターにとって、論述式の問題は難しいけれど、センター入試の問題であれば何とかできるのではないかと思う方も少なくないと思います。なぜかというと、センター入試は選択式で答えが決まっているからと思うわけですね。ですが、答えが決まっていれば、必ずそれがプログラムになるかというと、そうではありません。なぜそれが答えなのかの道筋を、コンピューターが判断できるように、プログラムにしなければなりません。ところがどの選択肢が正解かを判断するためには、人間にとっては非常に当たり前で簡単な、イラストを見た判断や、習慣の理解や感情の理解などが必要になることがあり、これがコンピューターには難しいことが少なくありません。

4　文字を数えて解いた国語の問題

多くの方が、コンピューターに解くことが難しい科目として国語をあげます。コンピューターには情緒が理解できないだろうと思われるからです。ところがそうでもありません。その例として名古屋大学のチームが開発した一年目の成果があります。現代国語のセンター入試で頻出するのは「本文中の傍線部分といちばん意味が近いものを五つの選択肢から選ぶ」という問題です。この種の問題でいちばん正答率が高かったのが、名古屋大学のチームでした。彼らは、本文の中に傍線部分が出てくると、それより前の部分の本文のデータを全部とってきて、文字オーバーラップによっていちばん近い選択肢を選びました。文字オーバーラップというのは、早い話が、「あ」が何回、「い」が何回、「う」が何回出てくるか…というように数えただけなのです。このやり方の正答率は

（注4）二〇一四年の第三回将棋電王戦でも、コンピューターソフトが四勝一敗で勝ち越した。

五〇％でした。五〇％というのは、普通の受験者の最頻値を超えています。亀井勝一郎だろうが、小林秀雄だろうが、だいたい五割は当たりました。それでは文の意図をまったく理解していないではないか、といわれるかもしれませんが、現在、機械翻訳や評判分析で用いられる機械学習に基づく言語処理では、よく用いられる手法です。記号列処理だけで、どれほど真の意味理解を近似できるか、ということがそもそも人工知能という問いですから、こういう試みも無意味ではないのです。

5　数学や物理はアルゴリズムで解く

私の専門は、言語処理ではなくて、数学の中でも数学基礎論という数学活動自体を数学するというような分野です。プロジェクトの中で、私のチームが取組んでいる科目は数学です。数学の場合は、統計的に当てるのではとうてい答えは出ないので、数学の問題はまじめに解こうとしています。二〇一一年の北海道大学の入試で、前期の数学の問題に、「tが実数全体を動くとき」という文章がありました。これは統計的にやっても絶対に当たりませんので、まじめに構文解析します。たとえば「その」と書いてあったとき、「その」というのは何をさしているかとか、そういうことも含めて考える照応解析ということをします。これを機械翻訳して、ヒルベルト（David Hilbert, 一八六二〜一九四三）らが一九〇〇年ころに構築したZF集合論という全数学を形式化できるような体系の中に埋め込みます。そうして、数学の知識ベースを使って、もう少し解けるようなものにします。そのうえで、数式処理や自動証明というものを動かします。詳細は省きますが、そのようにして、原理的に解いてゆきました。

他にも、社会科、物理、英語にチームごとに取組み、この集合体であるソフトウェアを、私たちは「**東ロボくん**」とよんでいます。

東大合格を目指すロボットの「東ロボくん」がどのくらいできるようになったかというと、二〇一三年の代々木ゼミナールの東大プレ模試で、受験者の正答率が二％しかなかった問題を完答したのです。ただし、これは数学だからできることで、国語では通用しない方法です。

6　コンピューターにはイラストがわからない

英語のリスニングの場合は、だいたい九八％くらいの精度でリスニングしたものをデジタル化し、それを英語にして、正しい内容を聞き取ります。ところが、東ロボくんは、センター試験のリスニングの問題はたいてい間違えます。リスニングの問題は解答の選択肢がイラストになっていることが多く、それを見分けられないのです。イラストが何かを見分けることは、多くのデータを学習させれば、コンピューターでもできますが、どんなイラストでも見分けるためには、学習させることが多すぎてとても難しいのです。

7　東ロボくんの成績

ここまでの話では、東ロボくんは一〇年後に東大なんて絶対に入れるわけはないと思ったに違いありません。とりあえず、今ある機械学習などの技術を詰め込んで、第一期の東ロボくんをつくるというのが二〇一三年度の目標でした。機械がどこまで人間に近づけるかということの本質的な研究なのですから、その後の本当の意味を考えることももちろんやりますが、二〇一三年度は、それらとともに、意味はわからないけれど、とりあえず答えを当てようという試みを通して、どこまで人間に伍した戦いをするかということにも取組みました。

そして、二〇一三年の一一月二三日に、東ロボくんは代々木ゼミナールのセンター模試を受けました。その結果、私立文系型では人間の最頻値を超えました。四〇〇を超える私立大学で合格可能性が八〇％というA判定が出たのです。意味はまったく考えないで、「あ」が何回とか、「い」が何回とか、あるいは丸暗記で臨むといったような今の状況でも、半分の大学では、だいたい人間を超えてくるということがわかりました。

数学のほうは、東大模試を受けている受験生の偏差値がだいたい六〇なので、合格範囲内のように見えます。

8　人間に残るのは意味を考える仕事だけ

先ほど、人工知能は意味がわからないという話をしましたが、そのようなことは、別に大学に行かなくても、人間であればわかることなので、そういう仕事は人間に外注すればよいという考え方が、人工知能の業界では今、主流になっています。アマゾンはそういう考え方をする代表的な会社です。機械には難しいけれど人間ならだれでもできる仕事、たとえば文書のカテゴリー分類をするとか、機械翻訳の間違い探しをするとか、そういう仕事は世界中で人間に外注されています。有名なのは、Twitterという、今、ものすごい収益を上げている会社がありますが、この会社のロゴは、人間社会に外注してつくったもので、六〇〇〇円だったそうです。機械にはまだロゴをつくることができないのです。人工知能によって、世の中はそういう状態になってきています。知的作業の難しさが、正規分布するとします。難しいことは解けないのですが、ここの中のどこかは機械ができるようになります。そこが少しでも機械に置き換わると、今そこで働いている人は、上に行くか、下に行くかしかないのです。

私がこのことを考え始めたきっかけになった旅行があります。二月のある寒い日、私は、福井駅

図2・1　最盛期の三国湊（みくに龍翔館所蔵；許可を得て掲載）

から一両だけの小さな電車に乗って、福井県坂井市三国というところへ行きました。その電車に乗っているのは、私と地元のおばあさんの二人だけでした。三国に着いたら、雪が降っていました。どこにも行くところがないので、みくに龍翔館という資料館に入りました。そこに、多くの船がひしめいている写真がありました（図2・1）。かつて北前船の貿易が盛んだったころ、三国は、まるで宅配便の集荷センターのように船がひしめいていたのです。そこには銀行や遊廓があって、どれだけ多くのお金が集まってきていたかということをその写真は示していました。でも、今は、もう人はあまりいません。そこにいた人たちはどこへ行ってしまったのだろうと、私は胸を衝かれる思いでした。二一世紀にはホワイトカラーに対して同じことが起こる。それがどこまで起こるのか。いったいどこまで機械が人間を代替するのか。どうしてもそれを目撃しなければいけないと思って、私は、この「ロボットは東大に入れるか」というプロジェクトを始めました。

今、私たちが学校で育てている子どもたちが一〇年後に社会に出ます。そのときの社会は、今の三国のような状態かもしれません。そこにホワイトカラーのやるべき仕事が、知的な遊戯ではなくて、知的な労働として残るのか残らないのか、残るとしたらどれだけ残るのか、それをどうしても知りたくてこのプロジェクトを始めました。

一九八〇年代には、キーパンチャーや電話交換手などの仕事がどんどんなくなってきましたが、女性の仕事だけが奪われたので、世の中の人はあまり注目しませんでした。二〇〇〇年代に入って、ネットワークが高度に発達して、会計とか、総務とか、そういう仕事が集約され機械化され、あるいはアウトソーシングされるようになって、機械化によるインパクトを感じ始めました。この二一世紀の前半というのは、この後に何が消えるのかというのが見えてくる時代だと思います。そういう中で、どういう教育を残すべきか、どういうふうに教育をデザインするべきかを考えなければならないのだと思っています。

働くとは何か、ということにもなると思います。今、私たちがやっているプロジェクトの感触からいうと、働くことが完全に機械に代替されることはありません。機械は意味がわかりませんから、本当に意味がわからないとできない仕事は絶対に機械には代替されません。ということは、労働は残るということなのです。でも、意味がわからないでやっている仕事は、たぶん大幅に代替され、集約されるという感じがします。「人工知能という夢のようなお仕事をされていますね」とよく言われますが、私は、「人工知能のある世界で人が幸せになれるかどうかは、今、この二一世紀の前半で考えてゆかなければならないことだ」と思いながら仕事をしています。

第3章　言語以前のコミュニケーションと社会性の進化

山極寿一

1　類人猿やサルから見た人間

私は長年、ゴリラの研究をしてきました。ここではゴリラを含む類人猿やサルから見て、人間とは何かという話をします。

人間は**言葉**をもちコミュニケーションに使いますが、ゴリラやチンパンジーは言葉をもちません。しかし彼らは互いにコミュニケーションをとって暮らしています。人間が言葉を使い始めたのは、せいぜい数万年前、あるいは一五万〜三〇万年くらい前ではないかと考えられています。

人類はオランウータン、ゴリラ、チンパンジーなどの類人猿と七〇〇万年前に分かれて独自の進化を始め、さまざまな能力を身につけてきました。この間、人間としての特徴は、いくつかのステップを経て進化してきました。人間は七〇〇万年前、類人猿とは異なり二足歩行を始め、熱帯雨林から草原地帯に出てきました。当時の人間の脳はチンパンジーやゴリラと同じくらいの約三五〇〜五〇〇立方センチメートルで、非常に小さいものでした。その後五〇〇万年経過して、二〇〇万年前になると、脳が大きくなり始めました。そして今から六〇万年前に脳の大きさが現代人並みの一四〇〇〜一五〇〇立方センチメートルになったことが化石の調査からわかってきました。人類は脳を大きくするように進化してきましたが、言葉を獲得したのはそれ以降のことで、脳の大きさとは関係がないことになります。脳が大きくなってきた進化と言葉以前のコミュニケーションとはどのような関係にあったかということが関心のもたれるところです。図3・1にヒトと類人猿の分岐年代を示します。

言語以前の数百万年に及ぶ時代を、人類はどのようなコミュニケーションを用いて暮らしてきたのでしょうか。そして、それはどのようにして脳の増大に結びついたのでしょうか。そこには、人間特有の「**家族**」という不思議な社会単位の創造が潜んでいると私は考えています。また、その進化のプロセスは、言語をもたないゴリラやチンパンジーなど人間に近縁な類人猿のコミュニケーションと社会性を比較することによって、明らかにすることができると思います。

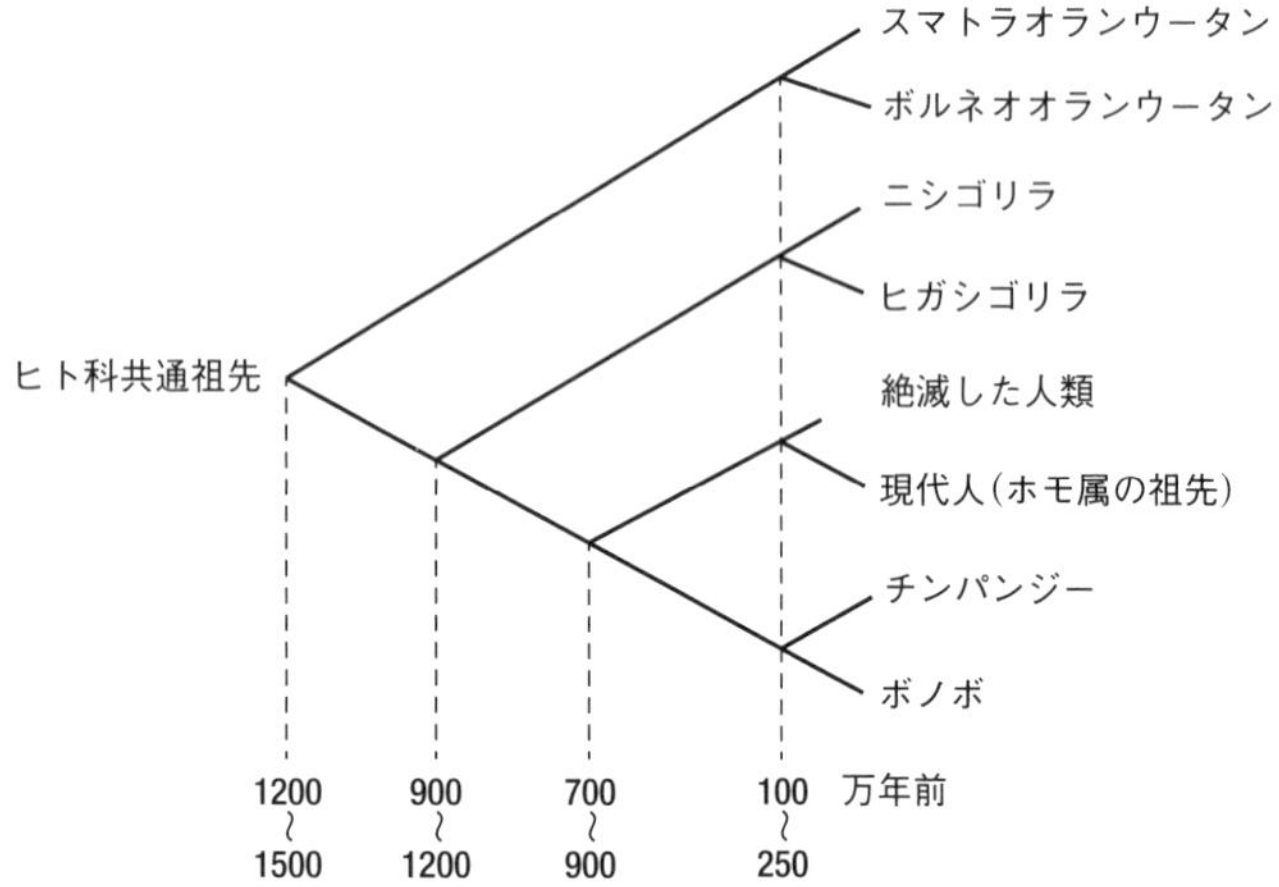

図3・1　ヒトと類人猿の分岐年代

2　類人猿の社会構造とコミュニケーション

類人猿の生態

言葉を使わないでどのようにコミュニケーションをとるかを私たちが想像することが難しいのは、人間は話さないと相手に伝わらないからです。言葉を使うことのできなかった、はるか昔の人間はコミュニケーションをどのようにとっていたのかを考えたとき、そのモデルは言葉をもたない人間に近い類人猿を見なければなりません。

人間は二〇〇万年前に、現在の人間とは異なる絶滅した人類と分岐していますが、ゴリラやチンパンジーも、同じ時期に分岐し、チンパンジーはチンパンジーとボノボの二種類に分かれています。そして、ゴリラもニシゴリラとヒガシゴリラの二種類に分かれています。オランウータンもボルネオオランウータンとスマトラオランウータンの二種類に分かれていて、大きな環境変化があったものと思われます。したがってわれわれ人類が、二〇〇万年前、その時期は人間の脳が大きくなり始めた時期ですが、分岐してからどういう違いが現れたのかを、三種の類人猿を見て憶測を立てることができます。

類人猿および人間の生活圏の分離

類人猿の中で人間にいちばん近いチンパンジーとそれに次ぐゴリラというのは、数百万年の間、一歩もアフリカ大陸を出たことがありません。しかも、ほとんどアフリカの熱帯雨林とよばれる地域に生息し続けています。ところが、人間の祖先の化石はその外側の草原地帯から出ています。人間の祖先も彼らと同じところに生きていたかもしれないのですが、熱帯雨林は酸性土壌なので化石を残しません。逆にはっきりしているのは、人間の祖先の化石が出るところでチンパンジーやゴリラの祖先の化石が出ていないということです（図３・２）。したがって、人類が出て行った場所に彼らは出て行っていないということになりま

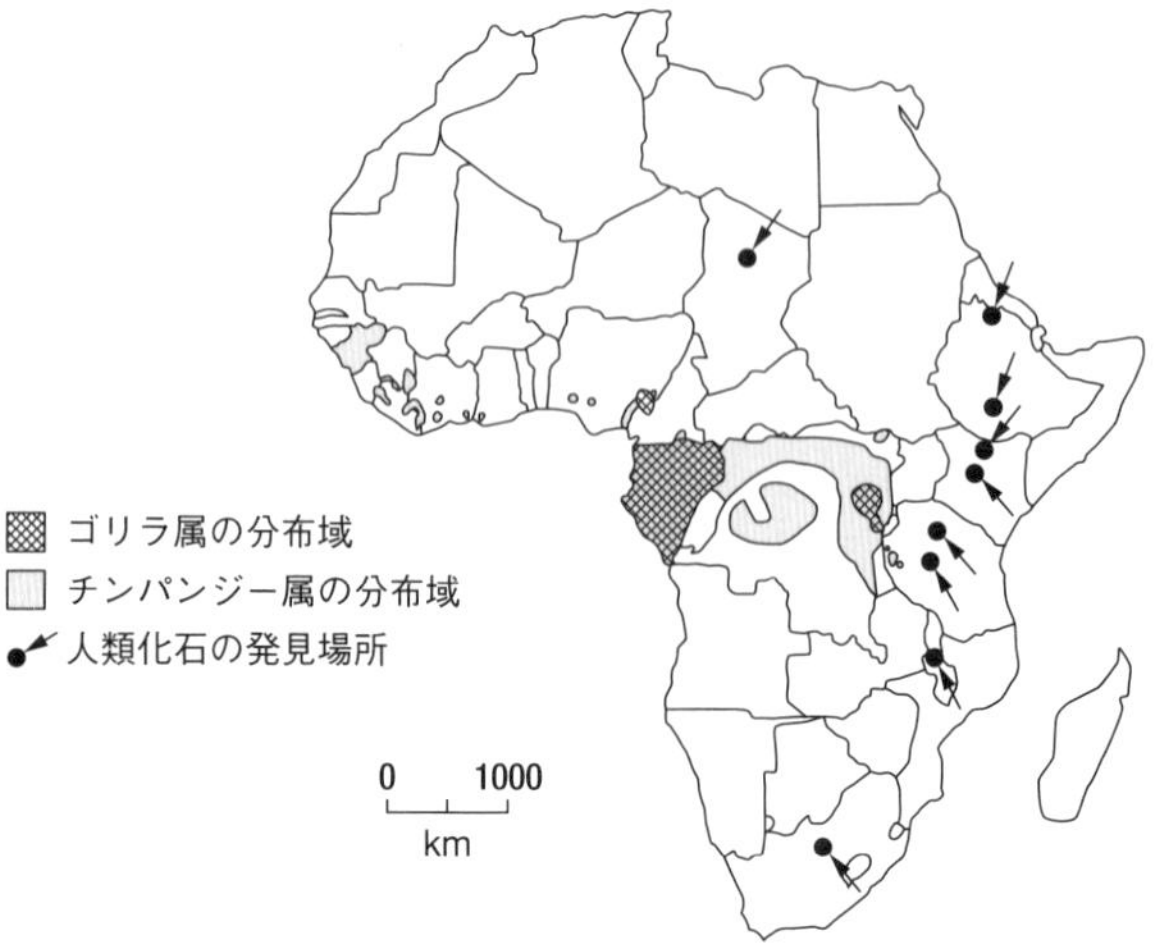

図３・２　アフリカ類人猿の分布域と人類化石の発見場所　人類の化石が発見された場所では類人猿の化石はほとんど見つからない.

す。そこだけは人類独自の生息地だったということになります。

それをもたらしたのは気候変動です。最初に霊長類が地球上に登場したのは六五〇〇万年前で、そのころから地球上の中緯度地帯の平均気温に変化がありました。最初はゆったりとしていて温暖だったのですが、人類が出てきた中新世期（二三〇〇万年前から五〇〇万年前）の終わりの七〇〇万年ぐらい前から、気候が徐々に寒冷化して、小刻みに変動するようになりました。気温が断続的に上下する気候変動の激しい時代に熱帯雨林から草原地帯に出て、その気候変動が大きな影響をもたらすような地域で人類は進化しました。

アフリカの森林は気候変動の影響を受けて温暖な時期には熱帯雨林は成長しますが、寒冷な時期では多くのところが砂漠化し、熱帯雨林が縮小し、孤立した島々のモザイク模様になります。ここで、生存のための選択肢は二つです。一つはあくまでも熱帯雨林に固執して、じっとその中に閉じ込もって生き延びるか、あるいは、熱帯雨林の外に出て違う環境に適応するかという選択になります。人類以外の類人猿は熱帯雨林にとどまり、人類は熱帯雨林を出て、草原地帯へ進出するほうを選んだのです。

フォレスト・レフュージ（避難林）という熱帯雨林が寒冷気候のとき残っていた地域がアフリカで数箇所あります。現在も類人猿の生息分布域になっていて、彼らは当時も森林にとどまり、他方、人間は熱帯雨林を出たことがわかります。

類人猿および人間の社会構造

類人猿は、それぞれの社会構造が違っています。オランウータンは、雄も雌も単独生活でなわばりをもっています。ゴリラはハレム型で、一頭の雄と複数の雌から成る単雄複雌群です。チンパンジーは複数の雄と複数の雌が固まって暮らしている複雄複雌群です。構成の形態は異なっていますが、共通点は雌が集団間を移動するということです。アフリカ類人猿の雄は、生まれ育った集団をまったく出ずに自分の集団で暮らすか、一度出て、雌と新しいユニットをつくるかのどちらかです。非母系社会構造です。人間の社会構造は、一夫一妻のカップルが複数で共存していて、子供は集団間で結婚します。類人猿の場合には、雌が移籍すると、そちらのグループの一員になり、元の集団とは関係がなくなります。人間社会では、結婚による移動があった場合、それ以前の関係が持続し、集団相互に複数の移動が行われ、元の集団との関係をもち続けます。これが人間の社会の大きな特徴です。結婚するたびに集団は膨れ上がって、姻族ができて新しい親族関係ができるということになります。これを重層的な社会構造といいます。

ゴリラの対面コミュニケーション

言葉を使う以前の人間はどのような方法でコミュニケーションをして暮らしていたのかを解明するために、私はゴリラがどのような方法でコミュニケーションをとり合うのかを調査、研究しました。その結果、ゴリラは至近距離まで顔を近づけのぞき込む、ゴリラ独特の**対面交渉**を行うことを見つけました。これは挨拶であったり、仲直りであったり、あるいは何かの催促のときなどに行います。ゴリラ同士がけんかを始めた場合は、シルバーバックの老ゴリラが顔を近づけのぞき込む、なだめ行為によってけんかは鎮まります。最近はアフリカでのゴリラツアーがあり、ガイドの案内で、ゴリラの対面行動を見学することができます。これらの行為はゴリラだけではなく、チンパンジーやボノボでも、顔と顔を近づけて挨拶し、食べ物を分け与えることが観察されます。

人間も対面交渉をするか

人間はゴリラのように至近距離まで近づく対面はしませんが、日常生活では向き合ってコミュニケーションするのは不可欠なことです。単に情報の交換だけであれば互いに向き合って話をする必要は必ずしもないことになりますが、一般的には相手の表情をくみ取りながら、意見の交換や、情報の共有を図ります。

小林洋美、幸島司郎の研究結果(文献1、2)によれば、人間、ゴリラ、オランウータン、チンパンジン

（文献1）H. Kobayashi, S. Kohshima, 'Unique morphology of the human eye', *Nature*, **387**, 767–768（1997）.
（文献2）H. Kobayashi, S. Kohshima, 'Unique morphology of the human eye and its adaptive meaning: comparative studies on external morphology of the primate eye', *Jounal of human evolution*, **40**（5）, 419–435（2001）.

ジー、テナガザルなどの眼を比較しますと、人間の眼は水平に細長くて、左右に**白眼**の部分が多いという特徴があります。類人猿やサルでは白眼の部分が少ないのです。人間は左右に、場合によっては上下に眼を動かし、視野を広げているわけですが、それだけではなく、相手の眼の動きを観察して、何に注目しているかを知ろうとしているのです。このような眼の動きでコミュニケーションする方法を、類人猿と分かれてから言葉を話す前に人間は発達させたのだろうと思います。したがって、対面交渉というのは、類人猿から受け継いで、人間が何か違うことを付け加えて発達させてきたコミュニケーションの形式だと思います。

サルは対面して目を合わせない

サルは対面して目を合わせません。サルは強いものと弱いものの関係がはっきりしていて、サルが対面して相手を見つめるということは相手に挑戦することを意味します。弱いサルが餌にありついても、強いサルが尻尾を上げて接近すると、弱いサルはグリメイス（grimace）といいますが、ニッと笑ったような表情をして、餌を手放してしまいます。弱いものが、強いものに譲るというルールを守って、争いを未然に防いでいるのです。二頭のサルが対面して、食事をするということはないのです。サルは三頭以上であっても直線的な優劣関係がはっきりしています。強い相手に餌を譲っているときに、より強いサルが来た場合、助けを求めます。するとより強いサルは餌を手にしているサルを攻撃します。強いサル同士が争っているうちに弱いサルは餌をちゃっかり手に入れることがあります。猿知恵とでもいうのでしょうか、したたかさを感じます。

サルの社会は**優劣社会**で、何か争いが起こりそうになると、優劣を反映させて物事を解決させます。親は子供を助けますが、雄と雌が交尾関係をもったとしても、自分の餌を相手にあげることはありません。したがって、お返しなどということもないわけです。サルの社会は互酬性というものはなく、自分の利益を最大化するために仲間と一緒に暮らしている。その利益は、食べ物を効率よく、そして安全に食べるために仲間が必要だということで、個体本位の利益共同体なのです。

サル、類人猿の食べ物の分配

サルは食べ物を**分配**しませんが、ゴリラやチンパンジーなどの類人猿は分配をします。図3・3にチンパンジーの仲間のボノボ、チンパンジー、そしてゴリラが食べ物を分配する様子を示します。

ボノボでは自分より大きい雄（右端）が持っているサトウキビを雌がせがんでいます。子供はもらって食べています。チンパンジーは真ん中（奥）に雄がいて肉を持っています。周りに三頭の雌がいて、肉を要求します。雄は断りきれなくて、分け与えます。この光景は人間が食事をする場合に似ていて、向かい合って一緒に食べる光景が見られますが、互いに相手を認め、コミュニケー

(a)
(b)
(c)

図 3・3　類人猿の食べ物の分け与え　(a) ボノボ，(b) チンパンジー，(c) ゴリラ（a：加納隆至撮影，b と c：山極寿一撮影）

ションをとり合っていることがわかります。ゴリラの場合も、大きな雄（右側）が木の皮を食べていますが、子供のゴリラがやってきて、食べているところをじーっと見つめていると、食べている場所を子供に譲る光景が見られました。このように類人猿は食べ物を仲間に分配します。

ゴリラの食べ物の分配

私が研究を行っている、ゴリラの社会性について少し詳しく話します。ゴリラは中央アフリカの東部と西部に生息しています。東部には標高二〇〇〇メートルを超える高地に住むマウンテンゴリラがいて、高地では果実がないので、おもに草を食物にしています。西部の熱帯雨林にはニシゴリラがいて、そこには栄養価の高い、多くの果実があり、ゴリラは好んで食べています。

大きい盆栽のような形をした樹木に、トレキュリア（*Treculia africana*）という果実がなります。大きさがバレーボールくらいで、重さは八キログラムあり、外側は堅い殻で覆われています。子供のゴリラはこれを割って食べることができないのですが、雄のゴリラがこれを割って自分も食べ、子供たちに与えることを、確認しました。図３・４にトレキュリアの果実ならびにゴリラが子供にトレキュリアを与える様子を示しました。

ゴリラが子供に食物を分けるという行動はこれまで知られていて、子供の採集技術の向上や食物メニューを広げるために役立っていると言われていました。私が新たに見いだしたのは、大人同士

トレキュリアの果実

トレキュリアを子供に与える

図3・4　トレキュリアの果実とゴリラの子供への分配　下の写真では，左の木の陰に大人のオスゴリラがトレキュリアの果実を持ち，周りにいるメスや子供たちに分け与えている．

の間でも食物分配が起こっているということでした。トレキュリアの果実は成熟する季節が限られ、希少で栄養価の高い食物で、これを分け与え合うことによって、食物をコミュニケーションの媒体として、有効な社会関係を構築しているということがわかってきました。

霊長類の食物分配行動の進化

霊長類の食物分配行動の進化を図３・５に示しました。原猿類、サルの仲間は周辺にある草や果実を自分の必要なだけ取り、食物の分配をしません。新世界ザルの一部では採食技術を必要とする食物を探し求め、共同で子育てを行い、子供に食物を分配します。類人猿では、食物を通じて仲間の選択、交尾相手の選択を行い、大人同士での食物の分配が見られます。そして広いニッチで採食技術を必要とする貴重な食物を得て、これを広い範囲で分け与えを行うのはホモサピエンスに限るのです。

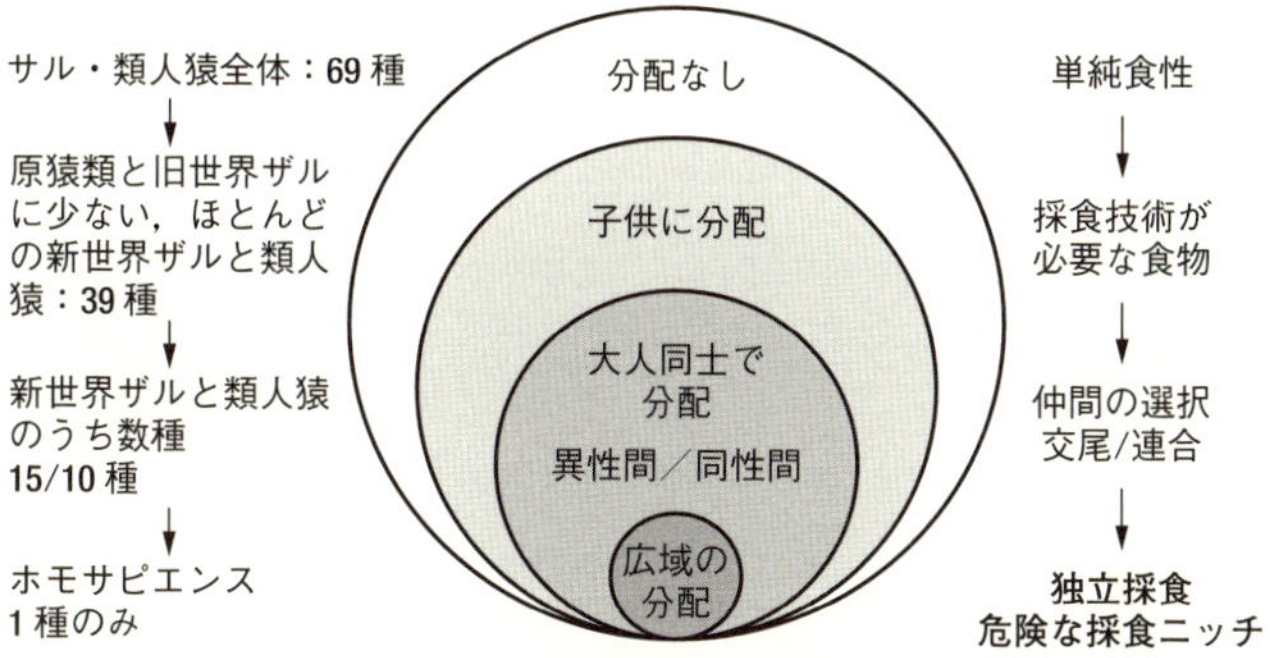

図３・５　霊長類の食物分配行動の進化　A. V. Jaeggi, and M. Gurven, 'Natural cooperatars: food sharing in humans and other primates', *Evolutionary Anthropology*, 22, 186–195（2013）より．

人間の場合、食物をコミュニケーションの手段として多用しているということもわかってきました。

食物分配時の音声コミュニケーション

ゴリラは二〇種類くらいの音声のレパートリーをもち、仲間とのコミュニケーションに使っています。危険を察知したときの叫びや攻撃の際の唸りなどのほか、グループの中で一緒に果実を取るときに盛んに声を出します。そのときはハミングであったり、シンギングという歌うような声を出します。限られた果実を、採取し、全員で仲良く食べるには、トラブルをなくし、満足感を共有し合うのに、音声のコミュニケーションが有効に働いているのです。同時に顔の表情も豊かにして、顔の表情で相手の気持ちを読むということも行います。ゴリラの群れは平均一〇頭ですが、言葉ではなく音楽的な音声コミュニケーションをとり、そして顔の表情で互いに相手を認識する集団を構成しています。これは**共鳴集団**を形成しているといえます。

人間の場合でも、スポーツのチームは一〇～一五人で、言葉ではなく声とアイコンタクトによって、とっさの状況をすばやく判断するスポーツ競技で、同じような共鳴集団として機能しているのです。これも言葉をもつ以前の人類のコミュニケーションとして現在に受け継がれているのです。その後、情報処理能力の増加に伴って、人類は言語コミュニケーションを付け加えたものと考えられます。

3　人類の進化史的背景と生活史の進化

人間固有の生活史の改編

七〇〇万年前、チンパンジーと人類の共通祖先から分かれた人類は、寒冷化に伴う森林の縮小に対応して、熱帯雨林から草原地帯に出てきました。草原地帯では食べ物は少しずつ分散していて、採食するには移動する必要がありましたが、人類はこのとき**二足歩行**になっていて、長距離を移動して採食することと、手を使って食糧を運搬することが可能になっていたと思われます。もう一つの問題は、草原地帯では大型の肉食獣という捕食者がたくさんいたので、この襲撃を防ぐことが必要でした。人類はまとまりのよい適度の集団を形成し、複数の男が連合し外敵に対抗し生き長らえたのでしょう。

ゴリラなどの類人猿が熱帯雨林を出ないで、縮小してゆく森林にとどまった理由は、生態的な条件と、多産を促進する繁殖戦略がなく、個体数の増加に結びつかなかったこと、集団が小さく、子供も少なく、子育ての共同性が生じなかったこと、雄と雌、世代間の協力に基づいた集団的防御態勢をつくれなかったことなどにより、捕食者の多い草原地帯に出ることができなかったからだろうと考えられます。

人類の脳が大きくなった理由

人類の脳が大きくなり始めたのは二〇〇万年前ですが、言葉を話し始めるのは数万年〜三〇万年前ですから大きくなった理由は、言語の発達とは関係ありません。その理由については多くの検討がされました。脳が大きくなると、脳全体に占める大脳新皮質の割合が増えることになり、より知的な行動が期待され、この割合と霊長類の行動パターンとの相関が調べられました。食料としての果実の在り処を記憶しているか、あるいは探索の難しい食物を道具を使って得る技術との関係が検討されましたが、相関関係はありませんでした。その中で一つだけ相関関係を示すものが見つかりました。大脳新皮質比と霊長類の平均集団サイズは図3・6に示すように相関関係があったのです。集団サイズが大きくなるということは、付き合う相手の数が増えるということで、要するに、社会脳として、サルも人間も付き合う相手の数が増えることによって脳を大きくする必要が生じて、増大するようになったのではないかと考えられています。

これを化石人類の脳の大きさに当てはめてみますと、図3・7のようになります。三五〇万年前に生きていたアウストラロピテクスはチンパンジー、ゴリラ並みの脳の大きさをしていて平均集団サイズは小さなものでした。それから二〇〇万年くらい前に脳が六〇〇立方センチメートル程度に大きくなり始めると、五〇人くらいの規模になる。さらに脳が一〇〇〇立方センチメートル程度に大きくなると七〇人、一二〇〇立方センチメートル程度になると一〇〇人、そして、現代人がもっ

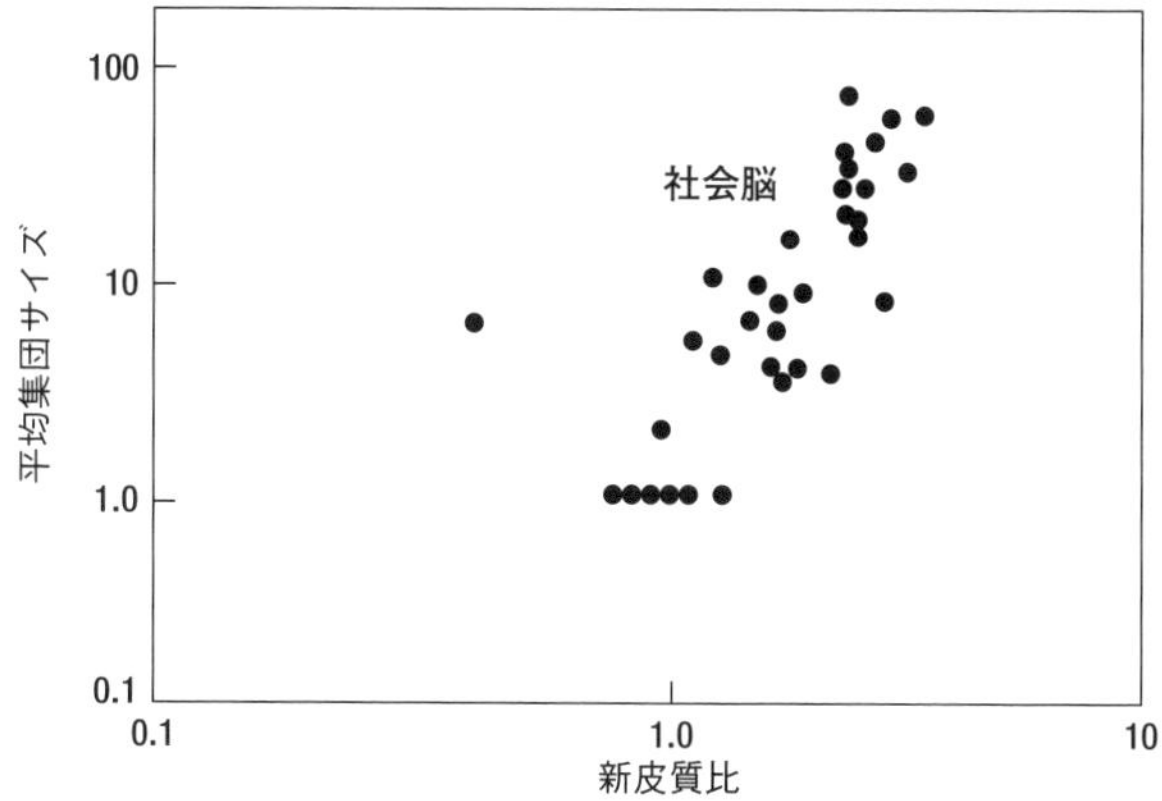

図3・6　サルの新皮質比と平均集団サイズの関係　R. Dunbar, "Grooming, Gossip and the Evolution of Language", Faber & Faber, London (1996) より.

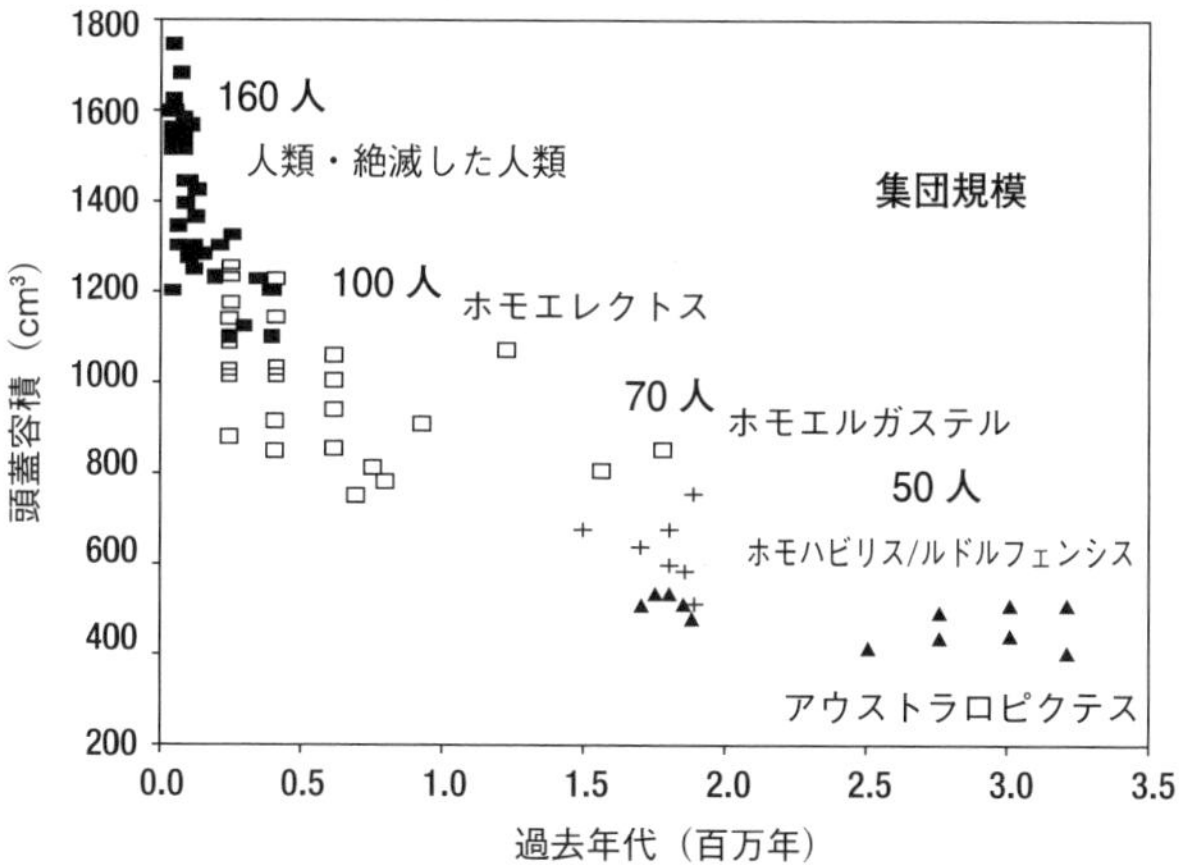

図3・7　化石人類の脳容積と集団規模の関係　R. Dunbar, "Grooming, Gossip and the Evolution of Language", Faber & Faber, London (1996) より改変.

ている一四〇〇立方センチメートルという脳の大きさでは平均集団サイズは、一六〇人になっています。これは**ダンバー数**とよばれていて、狩猟採集民の平均的な集団サイズは一六〇人くらいです。自然の恵みに頼り、食料生産をせずに暮らしていく人間のまとまりの大きさです。一つの集団としてそれぞれの顔や能力を互いに認識し、相互に助け合って生活を維持してゆくために、脳は大きくなり、新皮質比が大きくなったと考えられています。

人間の集団コミュニケーション

人間の集団コミュニケーションの様子をその方法によって分けると、つぎの四種類に分類できます。

一つ目は一〇〜一五人程度の**共鳴集団**といって、言葉がなくてもよい集団です。具体的にはスポーツチームの集団になります。サッカーは一一人、ラグビーは一五人というように、言葉は必ずしも必要でなく、簡単な掛け声、身振り、アイコンタクトですばやく行動する必要があります。何か声を掛けると自分の動きに相手が合わせてくれる、そして相手の動きに自分が合わせる。毎日フェイス・ツー・フェイスのコミュニケーションで習熟度を上げることによってチーム力は向上することができます。仲間の癖や、しぐさを覚えることで強固なチームワークをつくることができます。企業における具体的な行動チームとしての課や、宗教の布教活動の集団、あるいは裁判所の裁判員など、意思を統一させて動く具体的な活動チームとしては、一〇～一五人のサイズが適当ということになります。これは言葉が必ずしも必要でないチームとしての数であり、ゴリラの平均的集団サイズにもなっています。

二つ目は、三〇～五〇人程度の集団で、具体的には学校のクラスのサイズになりますが、各人の顔と性格がわかっていて、名前をいえば顔を思い浮かべることができる規模です。この規模では一つの集団として一致して行動ができます。

三つ目は、一〇〇～一五〇人程度の集団で、これは共同体の規模になります。構成員の顔と名前が一致し、お互い信頼できる仲間として認知しうるサイズです。企業でいえば、部、事業ユニット、研究所、ムラ規模でいえば大きいムラ社会になります。図３・７に示したように、人間のみが、一四〇〇立方センチメートルの大きな脳をもち、互いに認識し合い、この規模の集団を安定に維持してゆくことができるのです。

四つ目の一五〇人以上の集団活動では、顔と名前の一致は難しく、言葉を通じた意思疎通が必要になり、さらに指示を伴う組織活動が必要になってきます。つまり、言葉ができたのは、この一六〇人という数よりもさらに多くの人と付き合う必要が生じた数万～十数万年前からだと考えることができます。

人間固有の食の改編

草原に出た人類は、果実や植物を主食としてきましたが、二五〇万年前になって大きな変化が現れます。そのころになって動物の肉を得て、食べるようになりました。動物性タンパク質は少量でもカロリーが高く、栄養価の高い食物です。これまでの消化器官は類人猿などと同様に、植物繊維を消化するために体全体の中で大きな比率を占めていましたが、動物食を始めた結果、消化器官が縮小し、そして脳が大きくなったのです。脳は休息しているときでも基礎代謝の二〇%を消費しますから、高カロリーの動物食の採用は不可欠でした。動物質の食物は、これまでの食用の葉の一〇～二〇倍、果実の二～五倍のカロリーを含ん

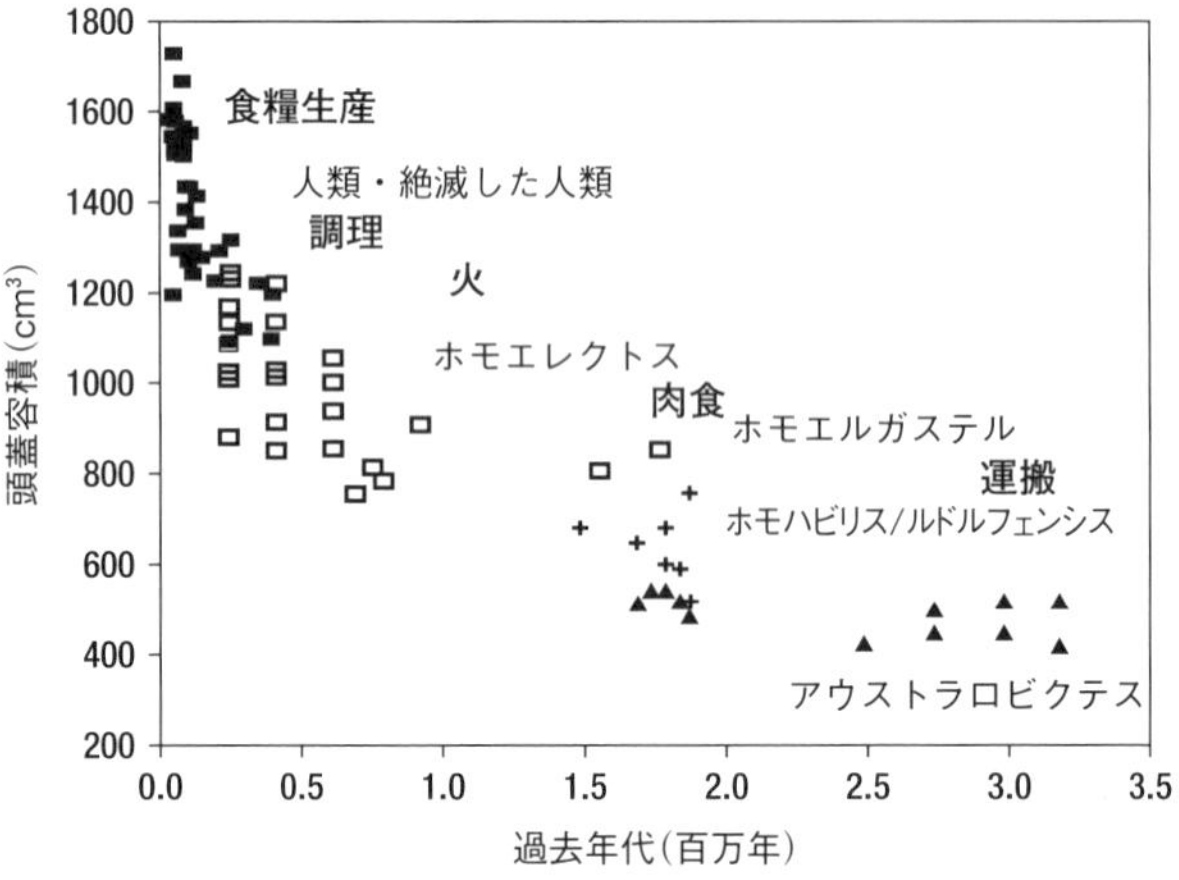

図3・8　化石人類の脳の大きさと採食様式の変化　それぞれの時代に起こったと思われる食の改変. R. Dunbar, "Grooming, Gossip and the Evolution of Language", Faber & Faber, London (1996) より改変.

でいて、少量で必要なカロリーが賄え、余分を脳に回すことが可能になったのです。このように脳が大きくなり、知能の向上と社会性がより複雑に進化してゆきました。そして動物食を取るようになったころから、人類は動物の骨から肉を剝がすために石器を使い始めています。さらに火の利用を見いだし、調理して食物をより効率よく、おいしく食するようになり、消化率の向上によって節約したエネルギーを脳の活動に回せるようになり、ホモエレクトスの段階で脳は飛躍的に増大しています。このように人類は食と生活史の改編により、人間の共感能力とコミュニケーション能力を高め、複雑な社会を維持しうるようになったのです。

最終的には、一万二〇〇〇年前、農耕、牧畜を始めて、食料の自給が始まり、安定した豊かな社会を構築することに成功します。脳が大きくなって以降、集団の子育て、家族の誕生、集団サイズの増大などを経て、複雑な社会を営むことが可能になりました。図3・8に化石人類の脳の大きさと採食様式の変化を示します。

4　家族の登場とコミュニケーションの進化

人間、類人猿の生活史

ゴリラは生まれたときの体重が一・八キログラムで、小さく生まれます。三年間は母親から乳をもらって育ち、その後母親から離れ、父親を見習って、草や果実を食べて五年で五〇キログラムまで急速に成長します。

人間の赤ちゃんはゴリラと違って重い三キログラムで生まれ、一年あまりで早く離乳し、十数年かけてゆっくりと成長します。図3・9に人間、類人猿を含むヒト科の生活史を示します。

人間の乳児の期間が、オランウータン、ゴリラ、チンパンジーに比べて短いことがわかります。オランウータンは七年も乳をもらって育ちます。人間の場合、乳児期は短いのですが、乳歯をもち特別なやわらかい食料を必要とする子供期があります。また人間の場合は、そのほかに二つの特徴があります。一つは少年期を終え繁殖能力はあるけれども繁殖できない青年期と五〇歳以上の繁殖能力を喪失した後の数十年にわたる長い老年期です。このように人間には、短い乳児期、類人猿にはない子供

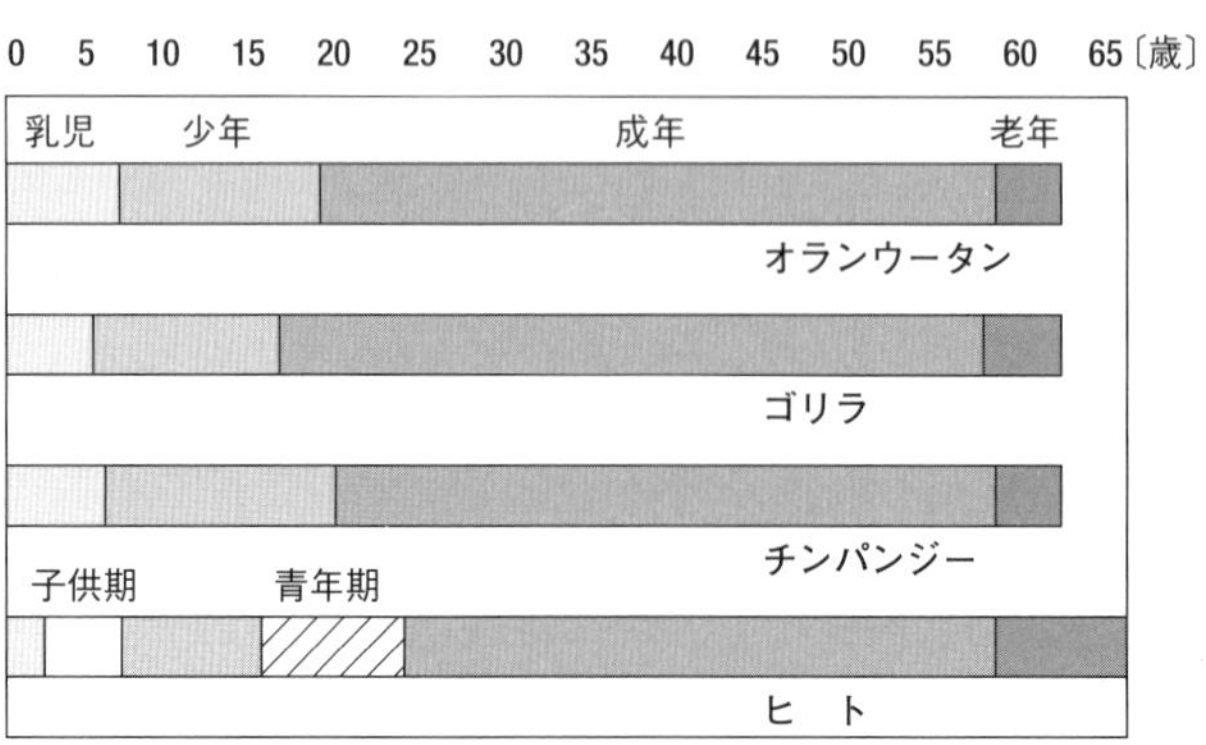

図3・9　ヒト科の生活史　類人猿とヒトの一生に現れる各成長段階と繁殖期の位置.

期、青年期の存在、それと長い老年期のあることが特徴です。

人間に固有の生活史

人間の乳児期が短いのはなぜかという問題は、初期の人間が森林から草原に出てきたことが原因だと考えられます。草原では多くの肉食獣という捕食者が多数存在していて、乳幼児が捕食され、死亡率が非常に高くなったものと考えられます。哺乳類の増殖の方法としてはイノシシなどのように一度に多くの子供を産む方法と、シカのように短期間で一頭（人）の子供を繰返し産む方法があります。人類の祖先は後者の短期間で一人ずつ子供を産む方法を選択しました。そのためには生まれた赤ちゃんの離乳を早くする必要があったのです。人為的にか、あるいは結果的にか、説明することは難しいのですが、人類は実態として離乳期を前倒しし、出産間隔を縮めることに成功し、人類の存続につながったのです。

人間の赤ちゃんが三キログラムと大きく生まれてくる理由は、人間の脳が最終的には一四〇〇立方センチメートルという大きさになる準備のためです。生まれてくる赤ちゃんの体脂肪率は一五～二五％と高く、類人猿の三～五倍あります。生まれた赤ちゃんの脳は三五〇立方センチメートルで ゴリラより少し大きい程度ですが、一年後に二倍の七〇〇立方センチメートルになり、五年で大人の九〇％、一二五〇立方センチメートル程度になり、さらに一二～一六歳まで徐々に大きくなって、一四〇〇立方センチメートルになります。人間は生まれた後、体内にもっている大量の脂肪を使って、ひたすら脳を大きくすることに注力し、四〇〜八五％の摂取エネルギーを、脳を大きくするために使うのです。その間、人間の身体の成長はゆるやかに抑えられているのです。生まれるときに脳をもっと大きくして生まれてくればよいのですが、出産のとき産道を出てくるためのぎりぎりの大きさで、未熟な脳で生まれざるをえない状況があるのです。それは、脳を大きくし始めた時代、すでに直立二足歩行が完成されていたからで、この歩行様式のおかげで骨盤の形が皿状に変わり産道を広げることができなくなっていたのです。ゴリラの脳は四年で二倍の五〇〇立方センチメートルとなってそれで終わりになりますが、人間の脳は長い時間をかけて大きくなるのです。

人間は一二〜一六歳になると、脳の成長を終え、過大なエネルギーを供給する必要がなくなって、身体に回せることになり、身長などが急速に伸びます。これは思春期スパートといいますが、脳の成長に身体が追いつく時期です。男子も女子も繁殖力を急速に身につけると同時に、学習によって社会的能力を身につけることが求められます。この間に、親の保護を離れることで、自由に行動できるようになるとともに危険にも遭遇し、死亡率が上昇しますが、そのような不安定な時期を経過して成長します。人間は一六歳を過ぎて、類人猿にはない青年期となりますが、この時期は脳や身体は大人並みになり、繁殖力をもちますがまだ子供をつくりません。これは人間特有のものですが、食糧の確保、対人関係の保持など、社会的な能力を身につけなければならないのです。青年期は、配偶者の選択にお互いの社会的な能力を見極める準備期間だと思います。

人間の共同保育

人間の生活史は、早い離乳と遅い成長に特徴づけられます。そのため母親だけではなく身内の人などの共同保育が必要になりました。この共同保育を始めたことが、人類の社会性の根本をつくったのであろうと考えています。赤ちゃんはお腹がすいたり、気持ちが悪かったりすると泣いて、自分の不満を表します。他方、満足していて気持ちのよいときは、相手の語りかけににっこり笑います。このように赤ちゃんは共同保育の中で、コミュニケーションをとりながら育ってゆくのです。

おばあさん仮説

共同保育において、母親以外の中で誰が育児に手を貸したかということに関して米国の人類学者、クリスティン・ホークス（K. Hawkes）らは、おばあさんが子供の育児を手伝い、子孫の繁栄に貢献したという、おばあさん仮説（grandmother hypothesis）を提唱しています（文献３）。人間以

（文献３）K. Hawkes, J. F. O'Connell, N. G. Blurton-Jones, H. Alvarez, E. L. Charnov, 'Grandmothering menopause and the evolution of human life histories', *Proc. Natl. Acad. Sci. USA.*, **95**（3）, 1336–1339（1998）.

外の類人猿では成年の繁殖期を終えると、老年はわずかの年月で死に至ります。ところが人間は繁殖期を終えた老年になって一〇～三〇年と非常に長く生きるのです。その存在意義の一つがおばあさん仮説です。

人類は二足歩行を始めて五〇〇万年経過して、脳を大きくし始めました。二足歩行になって骨盤は皿状に変形した結果、産道を大きくすることができなかった一方で、脳は大きくなり始めたのです。したがって、あまり大きくない脳でぎりぎり産道を通過させうる未熟な脳で赤ちゃんは生まれて来て、その後三段階で急速に脳を大きくしていったのです。そのため生まれた赤ちゃんは脳も身体も未熟で手のかかる状態になったのです。子育ては母親一人では困難であり、繁殖機能をなくした老年のおばあさんが、乳幼児の保育の役割を担い、老年期の存在意義が重要になったというのが、おばあさん仮説です。おじいさんもムラの長老として過去の経験の蓄積がムラ社会に大きな影響を与えたことも事実であろうと思います。

共同保育では子供の数が増えてくると、おばあさんの養育者も増えてきて、母親や自分の孫だけではなく他の子供たちにもやさしく接するコミュニケーションの必要が出てきたと思われます。その中で、やさしい声で子供を寝かしつけるといった状況が広がり、普遍的な子守歌のメロディーのようなものになり、音感の能力が、人と人を結びつける大きなコミュニケーション手段になったのだと考えています。現代では言葉を話すようになったことで、昔人間がもっていた絶対音感の能力などは子供の成長の早い時期に限られ、おとなではなくなっているといえます。

言葉を発明する前に、この音感を通したコミュニケーションが広がるにつれ、人々が共感する状況を共有することになっていったと思われます。現代でも音楽イベントやスポーツ観戦などで、一緒に歌うことによって、その場にいる人々との一体感を向上させ、大きな満足感を得ることなどが、人間が古くからもっていた、人と人とのコミュニケーションの一つだといえます。

脳が社会脳として進化したのであれば、それは集団サイズの上昇に伴う社会的複雑さに並行して増加したと考えられます。その変化を支えたのは言葉ではなく、身振りや音による全体的、音楽的なコミュニケーションだったと思われます。

5　言語以前のコミュニケーションのまとめ

七〇〇万年前、人類は二足歩行を始めて、しだいに熱帯雨林から草原へ出て行きました。食物を採集する場所と食べる場所を分けることにより、捕食者に襲われる危険を防ぎました。脳を大きくし、集団の規模を大きくすることで人間社会を形成してゆきました。その中で、食物の分配を通じたコミュニケーション、対面し合うコミュニケーションに加えて、音声のレパートリーを増やし、音楽的なコミュニケーションを発達させ、同調、共感を確認し合い、お互いの心を斟酌《しんしゃく》しながら対等に付き合う互酬性が出てきました。これらは人間社会の安定な営みに重要な役割を果たしてきたのですが、言語はなくとも十分なコミュニケーションがとられていたものと考えます。

人間のもつ普遍的な社会性では、**向社会性**と**互酬性**ということが重要な要件になります。向社会性というのは、見返りのない奉仕を自分の子供以外の他人に対してするということで、互酬性というのは、対等な助け合いで、助けられたら助けてあげたい、助けたら助けてもらえるというような意識で、そのやりとりを通じて自分の生まれ育った集団に対してほぼ永続的な帰属意識をもち続けることになります。これらは、共感という感性を育てながら並行して発達したのだろうと思います。このような状況は、ゴリラやチンパンジーなどでは見られません。

人間の共同体では、家族を単位として、複数の家族が集合した形をとっていて、一六〇人を目途としたムラ社会を形成しています。ここでは家族同士あるいは家族を越えて向社会性と互酬性を発揮し、互いにフェイス・ツー・フェイスのコミュニケーションを通じて、意思疎通を行っていたと考えられ、言語以前のコミュニケーションが確立していたと思います。

人間は言語をもつ以前から、家族を単位とし、家族が集合した社会を形成し、長い狩猟採集生活の中で発達させた「分かち合い」の精神は、農耕や牧畜の社会になっても食の共同を通じて生き残ってきて、現代に至っています。また信頼できる仲間と毎日顔を合わせることで、心の絆は保たれてきました。しかし現代は、文明の進化につれて、だれとも顔を合わせなくとも、そして言葉を発することもなしに生活できる状況になっていて、人間が数百万年かけて培ってきた重要な能力や社会性を失わせる結果をもたらしているのではないかと危惧《きぐ》されるところです。数百万年にわたって用いられてきた、言語以前のコミュニケーションの重要性を改めて振返ってみることも必要ではないかと思います。

参考文献

山極寿一　著、『家族進化論』、東京大学出版会（二〇一二年）。

第4章　人間とは何か?

榊　佳之
山極寿一
新井紀子
唐津治夢

本書は、武田計測先端知財団が二〇一四年二月に行ったシンポジウム「人間とは何か？」の三人の演者（榊、新井、山極）が、講演を基に書き下ろしたものです。第４章に、そのシンポジウム中に行われた、三人の演者と、司会の財団理事長　唐津によるパネルディスカッションを抄録し、『人間とは何か』についてまとめました。

ジョハリの窓

唐津　図４・１は一九五五年にジョセフ・ルフト（Joseph Luft）とハリー・インガム（Harrington Ingham）という二人の心理学者が提唱したコミュニケーションモデルで、二人のファーストネームを短くつないで**ジョハリの窓**（Johari window）といっています。

自分で自分のことを見る、我知るゆえに我ありなのですが、自分のことはわかっていると思っているけれど、実は自分ではわかっていない部分があるわけです。そこで、自分自身の全体像を、自分自身がきちっと正確に理解している部分と、わかっているつもりでもわかってない部分の二つの部分に分けて考えます。

次は、自分を他人が見る場合です。他人が自分を正確に理解している部分と、他人には理解されていない部分がありますから、やはり二つの部分に分けて考えます。

ここまではそんなものだろうということで比較的抵抗なくご理解いただけると思います。この二つを重ねると図4・1のように四つの部分ができます。左上は、自分でわかっている自分の像と他人も自分をそう理解してくれている像が重なっています。これは非常に幸福な部分で、公明正大に公開された自己です。その下を見ると、自分ではわかっているけれども、これはちょっと都合が悪いから隠しておこうという部分でこれは隠された自己です。誰にでもそういう秘密はあると思います。右上は自分ではわかっていないけれど、人からは見られている部分です。「お前ね、そこわかってないけど、実はこうなのだよ」というのがあるわけで、盲点

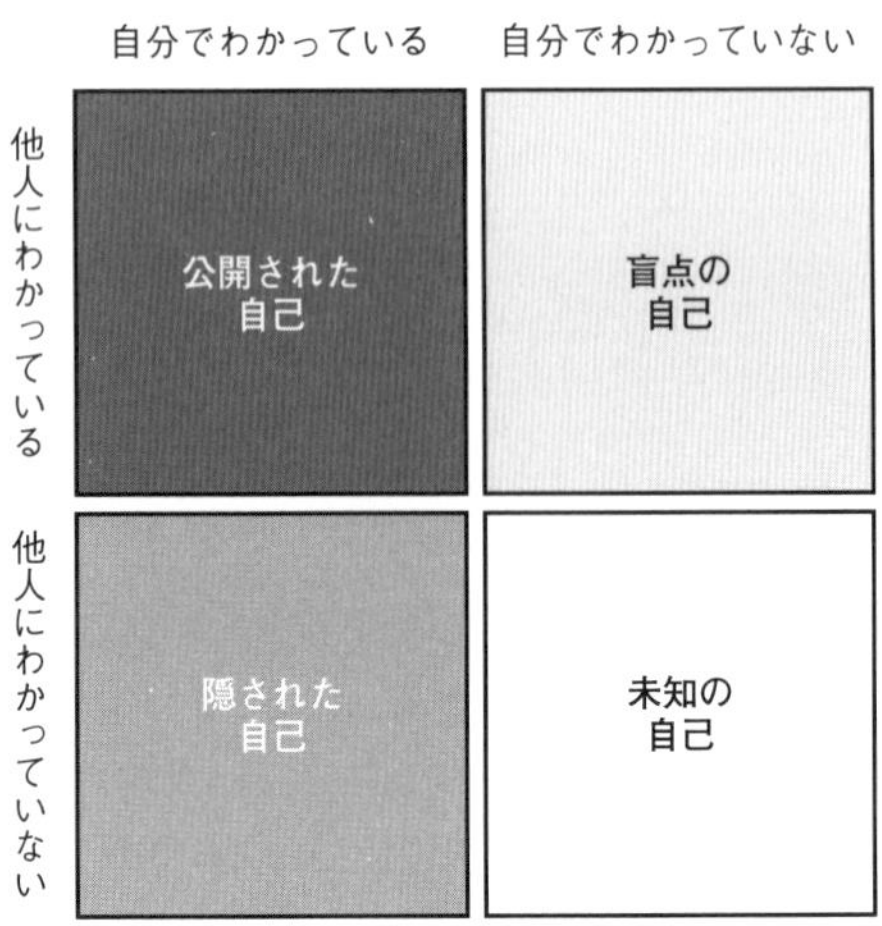

図4・1　ジョハリの窓

の自己という言い方をしていますが、自分では気づかず、他人にはわかっている部分です。

問題は右下の部分です。自分もわかってないし、他人にもわかってない。これは、認識論からいうと、だれからも検知されていないのですから、存在しないことになります。しかし、このように窓を分けてみると、右下の四分の一としてあるわけです。心理学ではこの四つの窓を使ったいろいろな考え方があります。この未知の自己をなるべく少なくなるようにするという説や、だれにもわからないのだから、あってもよいという説もあります。この見えないところが神様だという人もいます。私はこの絵を見たとき、自分にもわからないし、他人にもわからないのに、図を描くと確かにそういう領域が存在していることが明示されて、ちょっとショックを受けました。

今日は心理学の話ではないので、自分というのをAの学問領域、他人というのをBの学問領域と考えると、ある学問領域から見ると、これは見えている、これは見えていない、別の学問領域から見ると、これは見えている、これは見えていない、と置き直すことができて、先生方が三人ですので三次元の立体ができます。人間とは何かということでお話をしていただいて、話の連関も非常によくかみ合っていたと思いますし、私が何か特別の舞台回しをする必要はないかもしれませんが、この図のような切り口で三人の先生に議論をしていただけると面白いと思いまして、こんな絵を議論の最初に使わせていただきました。

まず、三人の先生に、言い足りなかったことや、他の人の話を聞いて自分は実はこうだったとか、そんなお話から口火を切っていただきたいと思います。

機械で置き換えられる部分は遺伝子とつながる

榊　新井先生は、人間の脳の思考の仕方、あるいは情報処理のあり方をお話しされたと思います。山極先生は、人間の社会形成の基本になっているものはどこから生まれたかというお話をされたと思います。ゲノムは体の設計図といわれるように、体をつくる基本的な枠組みがどうなっているかを決めています。私はこれをあえて家にたとえます。家を建てるには、設計図があって、柱とか、壁とか、屋根とか、窓とか、さまざまなものがあって、その家の中で人間が生活します。さまざまな環境要因、たとえば強い風や雪の中でわれわれが生活してゆくときに、いろいろな対応の仕方があります。その対応の仕方の基本は遺伝子がつくったものです。ハードウェアとしての脳の枠組みも、遺伝子が基本となっています。その枠組みを使った脳の回路、特に思考の回路の形成ということになると、後天的な話で、個人個人によって違うので、なかなかゲノムからアプローチできないなと思っていました。

でも、新井先生のお話を聞くと、回路形成でも結構特性があるということがわかりました。機械と人間とを対比すると、人間の脳に関係する遺伝子のいろいろな機能から、人間として得意な部分と、機械で置き換えられる部分を色分けできるのかもしれないと感じました。脳の世界は遺伝子はほとんど手が届かない世界、後天的につくられる世界かと思っていましたが、われわれは知らないけれど、遺伝子がかなり構造的に規定しているところがあると感じています。

山極先生のお話では、人間の発達の中で関連する言語野の遺伝子とか、いろいろなことがわかってきています。社会を形成するために必要な、長い寿命とか、お互いをかばい合うとか、コミュニケーションし合う特性とかは、神経と脳の感情が関係するさまざまな遺伝子群のタイプが進化の過程で上手に選ばれてできてきたと思います。その結果、めったにけんかをしないとか、相手の話を聞いてよく考えて安全に行動するということが長い進化の中では守られてきて、そのために重要なことは**言語**を使うということだったのだろうと思えてきました。人間の遺伝子のいろいろな働き方についてはずいぶんわかってきたと思うのですが、未知の世界で遺伝子が働いている部分がまだたくさんあるのではないかと感じました。

親の恐怖体験が子に伝わる？

唐津　榊先生のお話では、ゲノムはある意味の出発点で、それを修飾してバリエーションをもたらすさまざまな要因があって、それらがどう働いているかが一つ一つわかってきて一〇年経ちましたということでした。逆に、新井先生と山極先生のお話は、外からの効果というものがいろいろありますというお話とうかがいました。ゲノムの展開から人間を理解してゆこうとするときに、あとどのくらい影響のありそうなものが想定されるのでしょうか。

榊　最近、**エピゲノム**の研究が非常に盛んです。第二次世界大戦のとき生まれた子供はずっと後になっても戦争の影響を受けているという話もありますが、ネズミを使った最近の研究では、親が恐怖体験をすると、その子供にも恐怖体験が伝わって、さらにその子供にも伝わることもあるということが報告されています（文献1）。これまでは、環境要因に対してはラマルク（J. P. Lamarck, 一七四四〜一八二九）がいうような**獲得形質**が遺伝することはありえず、メンデルの遺伝学が主流であると考えられてきました。しかし、ひょっとすると、獲得形質が遺伝するということが、人間あるいは生き物に潜在的にまだまだ残っていることもあるのではないかなという気がしています。遺伝学の考え方もずいぶん変わってくるかもしれない、特に人類とか高等動物の遺伝学は変わってくるのではないかと、そんな気はしています。

隠された自己が消滅してゆく

新井　先ほど、唐津さんから見せていただいた図4・1の中で、榊先生と私のような人工知能がやっていることの一つは、隠された自己が消滅してゆく過程だという気がします。たとえば、「今日、私は自宅から来ました」と言っても本当は別宅から来ていたというような隠したいことがあったとします。ところが、GPSのデータとか、メールの記録とかから、機械はすでに知っているのです。私がどんな本を読んでいるか、どんな音楽を聞いているかなどの、私を取巻いている電子情報から、統計的に次にこういうことをするだろうというのがある程度わかってきています。グーグルのトップは、人間にプライバシーなどはないと断言しています。私はあまりそういうのは好きではなくて、思い上がっているなと思います。でも、榊先生のご研究を拝聴すると、遺伝情報でどうなるかが当てられるのではなくて、真実がそこにある、どうしても統計的な情報に出てしまうということだと思います。ですから、このゲノムが何をするかは運命論的に決まっているというよりは、病気になりやすいとか、短気であるとか、何かにどうしても出てしまうということだと思いました。

その出てしまうということは何かを、数学の立場でさかのぼって考えてゆくと、オイラー（Leonhard Euler，一七〇七～一七八三）のころに、数学で見いだされた**最小作用**（注１）ということに行きつくと思います。最も効率がよいように、最適化をしようとすればするほど、最小原理に行きついてしまうことが数学の歴史の中にあります。しゃぼん玉のつくり方とか、ありとあらゆること

（文献１）B. G. Dias, K. J. Ressler, 'Parental olfactory experience influences behavior and neural structure in subseqent generations', *Nature Neuroscience*, 17, 89–96（2011）.

（注１）物理学の基礎原理の一つ。物体が運動する際、「作用」が最小になるような軌道をとる、という原理。

が最小原理で説明できてしまうというところに行きつきます。神様はうまいことつくったなと思ってびっくりするということもあります。では、私たちに自由度はないのかなと思ったりするような、二つの面を感じます。

山極先生のお話を聞いていると、ああ、自分は数学馬鹿だったというか、頭でっかちだったなと思わせられることがありました。ゲーム論的なというか、最小作用だけでは説明ができない何かもっと豊かなことがあって、私たちがこういうときにこうするという論理的な説明、運命論的なものからそうではない社会を選び取る知恵のようなものが、類人猿が選び取っていることの中に埋まっているのかなと思っていました。

だから、グーグルがプライバシーなどは存在しないと言ったり、人間が自動車を運転するのはあまりにも馬鹿げたことで機械のほうがずっと向いていると言ったり、人間は勉強するのに向いておらず機械のほうが勉強は得意だと言ったりすることではない何かを求めて、ぐるぐる回ってしまう枠組みから出たいと思ったときに、サルを見て学ぶということがすごく大切だなと思わされました。

論理と統計だけでは説明できない何かがある

唐津　新井先生のお話の中で、コンピューターは基本的に意味そのものを理解しているのではなくて、ある流れ、前後関係とか、そういうもののファンクションが定式化されて中に入っている。人間も意味を理解しているつもりでいますが、実はそう思っているだけかもしれないということになると、本当に「意味って何？」というところまでさかのぼってゆく人もいると思います。プライバシーが全然なくなると言いますが、公開された民主社会ではプライバシーがどんどん減ってゆくわけです。昔はそういうところを隠して、たとえば独裁者は全部隠しているということがあったわけですが、それはやっぱりよくないということで人類社会が動いてきたような気がします。先ほど山極先生がゴリラの目から人間を見てというようなお話があったかと思いますが、逆に人工知能の技術から人間をもう一度見直すと新井先生はどういうふうにご覧になりますか。

新井　私がこれからこのセンテンスを話すということは、一度も話されたことがないことを話すわけです。今まで人類が話していたすべてのデータベースの中にもないことを話すということだと思います。ですから、それは本当に今の一回だけなのですが、ランダムに言葉を話しているわけではないので、そこに何かはあるということになります。ですから、コミュニケーションとはすべて統計的なものであるといってしまうことも、可能性としてはあるわけです。けれども、私たちの実験として、論理と統計だけでは説明できない何かがあるということは、真実だと思います。その真実というのはなかなか科学的にも技術的にも説明ができません。説明ができて技術になるところからものをつくってしまうのが技術のすごくいけないところです。でも、つくれないものはつくれないので、つくれるものからつくってしまうのです。ところが、つくれるものをつくってゆくと、それが支配的になります。

iPhoneを使う、あるいはiPadを使う。アプリケーションソフトウェアを使う。それが完璧ではないことは、私たちはよくわかっています。たとえば、お母さんの歌う子守歌とアプリケーションソフトウェアが歌う子守歌が違うということは、私たちは聞いた瞬間にすぐにわかるわけです。わかるのだけれども、それを代替物として、近似として使います。使い続けるうちに、本当の子守歌とアプリケーションソフトウェアの子守歌の区別がつかない人間が出てきます。あのときに本当に手ざわりとして違っていたという記憶は急速に失われます。そのときに、人間はどんどん機械に近づいてゆくわけです。機械と人間の違いを築いていた能力を急速に失うので、機械に近づいてゆきます。本来の人間がずっと保たれるわけではないのです。私たちは書き文字を得ることによって急速に記憶力を失いましたし、歩かなくなって歩ける力も失いましたし、固いものを食べなくなってあごは小さくなってきました。人間は与えられた環境に最適化するのです。多分、ヒトゲノムもそのことに悲鳴をあげているのかもしれないし、私たちの感性自体も悲鳴をあげているのではないかなという気はいたします。

不確かな未来に目標を置いて頑張るのは人間だけ

山極　さっきの四つの分類の図（図4・1）は、私には衝撃的でした。左上、公開された自己、これはコミュニケーションをとる必要はないのです。右上（盲点の自己）と左下、他人にわかっていない隠された自己、これは説明をしたり隠したりするためにコミュニケーションをする必要があるし、わかってほしいのだったらさらにコミュニケーションをとる必要があるのです。自分でわかっていないから、他人からわかってもらおうとしたり、だまされたりするわけです。そういうやりとりは人間のコミュニケーションを発達させたと思います。なおかつ、それは精神的には相手と自分が対等でなければならないという不思議な精神なのです。サルでは対等でなくてよいわけですから、それは起こらないのです。相手が知っていることを自分が知らなければたまらない。あるいは、自分が知っていることを相手に知らせたくないとか、そういう思いが交錯してコミュニケーションが生じます。

右下の自分にも他人にもわかっていない未知の自己は非常に少ないと思いますが、実はここがいちばん人間的です。子供は目標を立てます、イチロー選手みたいになりたいと思う。それはなれるかどうかわからないのです。でも、それに対して、親も、あるいは先生も、じゃあ一緒に練習してみようかとか、勉強してみようかとか言うわけです。そういう不確かな未来に対して何らかの期待や目標を置くということは、動物はしません。これは人間しかしないのです。これが人間に非常に特殊なことで、言語ができてからそうなったのかもしれませんし、人間の成長パターンがそういうことをもたらしたのかもしれません。

これは榊さんとも新井さんとも重なる部分だと思うのですが、科学技術が省略できる部分と省略できない部分があるのです。たとえば、人間の成長期間というのはどのくらい科学技術が発達したら縮められるものでしょうか。つまり、あっという間に一八歳になって、大学生並みの知識をすぐ身につけることができるでしょうか。まあ、今、飛び級というのがありますから、早くから脳が発達する人はいるかもしれないし、特定の分野に限って非常に優れた能力を発揮するサヴァン症候群の人もいます。でも、技術で成長速度を速めることができるだろうか、速めたときにいったいどうなるだろうかという問題が一つはあります。私は、それはできないと思います。

成長速度ばかりではなくて、いろいろなことがあります。妊娠の問題だとか、そういう非常に根の深い生物学的な問題を、効率や機械といったものに置き換えて、われわれは予測することができるようになるのだろうかという問題です。

私は、ふだんずっと森の中でいろいろな動物と会ってコミュニケーションをとっていますが、そのときの不確かさというのが人間をつくっているのだと思います。つまり、鳥と話をし、ゾウと話をし、ゴリラと話をしているわけですが、そこではゾウも思い込んでいるし、こっちも思い込んでいるわけです。お互いコミュニケーションのツールが一〇〇%一致しているわけではないのです。でも、お互いに何となくわかり合っているような状態になることができる。これが了解ということなのですが、自然というのは、いろいろ能力の違う、姿形も違うものたちが何らかの了解のもとにまとまっているわけです。それをわれわれは意識していませんが、共存しているということは了解し合っているということなのです。そこに何か生きている理由みたいなものがあるわけです。

だから、ロボットでＡＩＢＯ《アイボ》とか、いろいろペット代わりになるものが出てきて、それはものすごくペットに似ているわけだけれども、やっぱり手のかかるペットが欲しいとみんな思っています。それは予測できないところがあるからなのです。予測できないからこそ、人間は、ほのぼのとした自分というものを感じることができる。それは自分とは違う動物から反射して感じているのだと思います。それを新井さんは先ほど、余裕とか自由度だとかいう形で表現されましたけれども、効率化には回収されない、あるいは計算には回収されない部分というものがなければならないという気がどうしてもするのです。だから、いくら計算や効率の精度を高めても、いつのまにかフィードバックされて、やはり不確かなほうに戻ってしまうことがありはしないかなと思ったのです。

新井　自分としては大学に入るようなロボットなんかできないほうがよいとは思っているのです。入試ができるにしても、少なくとも学校に通って学ぶみたいなことは人間でないとできないというようであってほしいとは思うのです。計算で回収できないとか、最適化とかいうことでは回収できない何かというのが何なのかというのは、本当によくわからないのです。どうしてよくわからないかというと、多分、数学が使えないからだと思います。科学の言葉は数学ですけれど、数学は非常に合理的なので、その合理的な数学の言葉で説明できない何かということなのだと思うのです。それは何なのか。それに価値を置き続けることで、余裕が人類にあり続けるということだという気が私はしています。

人間は創造する

榊　新井さんの話をうかがっていて、歴史的に見ると、単純労働をしていていた人が、内燃機関とかいろいろなテクノロジーが発達して、重労働からは解放されたとか、いろいろな交通手段が人間の移動を可能にしたとかということがありました。今はまさに情報革命で、新井さんのお話ですと、もう、考えることやわれわれが知的だと思っていた労働が機械で置き換えられるということが起こっています。そういう中でも、クリエイティビティーという意味とイマジネーションという意味の両方をもった「創造」ということは、人間にずっと残ると思います。遺伝子はハードウェアとしての脳をつくりますが、それを動かすソフトウェアの部分は遺伝子を離れた世界です。情報革命の技術がすごく発展する中で、そのソフトウェア面の一部分はコンピューターで再現されるでしょう。しかし、人間の創造性、イマジネーションとクリエイティビティーと両方ですが、こういうものはやはり、また今のコンピューター、人工知能とは違う世界があるのではないかという気がしますし、人間がまた次の新しい発展を生み出してゆく場所があって、そういうところへ人間が今後動いてゆくのかなという感じはしています。

遺伝子の側から見ても、長い期間で遺伝子のタイプが変わって、それに伴って脳も変わるということはあるのですが、エピゲノムのような話で、比較的短い期間でいろいろな体験を積み重ねて脳が変化する部分もあることが見えてきました。脳にはできてコンピューターでできない部分というのはまだまだたくさんあって、そこが次の人間社会の目指してゆくところではないかと思います。未来を夢見るとか、新しいことをイマジネーションするとか、つくってゆくということは、やはりなかなか人工知能ではできないのではないかという思いをもって私は聞いていました。

ゲノムを都合よく変えられるか

唐津　聴衆の方からの質問です。ゲノムも歴史的にどんどん変わっていると理解した。そうすると、将来に向かってこういうゲノムにしておくと都合がよいというような発想は出てくるのでしょうか。

榊　それは、ゲノムが都合よく変えられればということだと思いますが、歴史的に見ても、別に都合がよいように変わったのではなくて、たくさんの多様性の中からたまたまその条件で都合のよいものが残ってきたということです。ですから、たとえば遺伝子治療であるとか、あるいはデザイナーズベイビーというように、われわれが望む形で子供あるいは自分の体を遺伝的に変化させるということは、極端な言い方をすると技術的にはありうると思います。でも、生物の集団として見ると、**多様性**を保っていることが生物としては最もタフな姿であって、特定のタイプの集団になってゆくと、ある短い期間繁栄するかもしれませんが、あるとき突然、全部が絶滅することになると思います。生物としてどうあったらよいかは、多様性を保つことだとしかいいようがないのです。

でも、こうあってほしいという個人個人の思いや期待、社会としての期待があるとすると、よい悪いは別にして、遺伝子のタイプから選んでゆくということはできないわけではないのです。受精卵の段階で選択するとか、あるいは、いろいろな遺伝子治療的なもので介入しながら何とかそれに合わせてゆくということは、技術的にはできないわけではありません。難しい問題ですけれど、いろいろな選択肢が出てくると思いますので、特定の個人がやる、あるいは致し方なくやるということはあるかもしれませんが、社会全体としては、やはり、多様性を保つことが生物のタフさを保つ最も重要なことだと思います。

グーグル的なやり方とヤフー的なやり方の両方を使えるのではないか

唐津　新井先生のお話の中で、機械翻訳の方法として、グーグル的なやり方（文法を使わず、訳語を統計的に選択して当てる）とヤフー的なやり方（文法を利用し、理詰めで翻訳する）と二つご紹介があったかと思います。「両方使ったらよいのでは？」というご質問です。

新井　もちろんそうです。たとえば数学の問題を読み解いて翻訳をするという話の中ではその両方を使うという考え方でやっています。グーグルがヤフー的なことをやめたのは、おもにコストの問題です。文法といっても、人間が理解できる文法と機械が理解できる文法は全然違っています。国語辞典を見ますと、「と」というのは、「みかんとりんご」の「と」という使い方と、「山極先生と京都に行く」というようなちょっと違う意味があるのです。その「と」の使い方が、国語辞典だと六通りくらいなのですけれど、機械に覚えさせようとするとすぐ一〇〇通りくらいになってしまうのです。そういうものを文法的にためてゆく、こういう場合はこうするということをためてゆくよりも、当てるほうがずっとコストが安いので、グーグルはそちらを選んだのだと思います。

人類の後を引き継いで、不確かな未来のために頑張る生物は？

唐津　山極先生への質問です。今のお話で、人類は訳のわからないことにもチャレンジして頑張ってゆこうというような、そういう意欲をもてるところが非常にユニークだというようなご指摘がありましたが、人類がこの後、どのくらい生存できるかというと、無限ではないという説があって、そのときにかりに地球というものがまだあったとすると、残った生物で、ゴリラなどに近いものかもしれませんが、人類の後を引き継いで、人類のような、自発性といいますか、チャレンジといいますか、そういうものを獲得してゆくことがまた起こることは可能でしょうかというご質問です。

山極　残るということだけでいえば、たとえば、人類は、文化とかいうものを使って、直接身体を変えずに、工夫でもって生き延びようとしてきたわけです。でも、それは、環境が変わると、すぐに身体を変えるほうが有利な場合が出てきます。今、地球上でいちばん栄えているのは昆虫類です。彼らは人類が滅亡した後も生き残ると思います。でも、昆虫類の中で知能をもって人間のようにやってゆくのが出てくるかというと、あまりにも世代時間が短すぎます。人間がこれほど頭を使っていろいろなことをやれるのは、成長期間が長いからです。無駄な時間や労力をかけて生きるような生物が人間以外にそんなに簡単に現れるとは思えません。

しかし、クジラとかイルカはサルや類人猿や人間とはまったく環境の違うところで同じような知能を発達させた生物で、彼らも脳が大きくて成長期間が長いという特徴をもっています。しかし、コミュニケーションのやり方は違います。水の中は音声がすごく通るから、彼らはフェイス・ツー・フェイスよりも音声でコミュニケーションをとっています。まあ、海は温度も非常に安定していますから、陸上で哺乳類が滅びた後でも、海では栄えるかもしれないなという気はするので、そっちのほうかもしれませんね。

唐津　以上を最後にまとめますと、榊先生のご研究のほうから、必ずしもゲノムの決定論で人間というものが支配されているわけではなくて、多様な外からの影響を受けていろいろなことが起こっているというお話とか、新井先生のお話では、コンピューターはこういうことはできるけれども意味は理解できないとか、そういうようなご指摘もあったかと思います。山極先生のほうからは、動物は意味のわからないことにチャレンジして突っ込むことはない、未来のわからない目標を立てて頑張るのは人間だけだというようなお話もございました。

われわれ人類としては、自分のロジックを組立てて、将来、論理的にはそれは確かではないけれども何とかトライしてみたいなという目標を大事にして、これから頑張ってゆくことによって、皆さんとともに明るい未来があるのではないかなということを感じた次第でございます。

あとがき

二〇一四年の武田シンポジウムは、二〇年に一度といわれる記録的な大雪の中で開催することになってしまいました。交通状態が悪いなか、三人の講師の先生方には、京都、豊橋などからおいでいただき、一四〇名の方に参加していただいて、なんとか開催することができました。これも、熱心な参加者の方々のおかげと感謝しております。

唐津理事長のまえがきにもありますように、二〇一四年は複雑なシステムの極ともいうべき『ヒト』をテーマにしました。三人の先生にお話しいただきましたが、コンピューターに対する人間の特徴は何かという議論もあったと思います。人間だけができてコンピューターにできないことは何かを科学的に論じることは、なかなか難しいことだと思いました。それを論理的に証明するには、やはり数学を使うことになります。ところが、新井先生がおっしゃったように数学で記述できることは、コンピューターがいずれできるようになるわけで、これはパラドックスになってしまいます。

クリエイティビティーという意味とイマジネーションという意味の両方の意味をもった「創造」

ということが人間の特徴で、これはコンピューターにはできないこととして残るだろうと榊先生はおっしゃいました。また、山極先生のゴリラの研究では、観察などから得られる情報を定式化してゆくわけです。

コストの問題を含めて考えると、コンピューターでもできるが、人間にやってもらったほうが安くできることはたくさんあるようです。Ｅコマースの配送センターでは、商品のピックアップは人間がやっています。逆に『ヒト』が長い時間をかけて勉強したり練習したりしてできるようになることでも、一度コンピューターでできるようにシステムをつくると、安くできてしまうことも多いようです。これまで人間しかできない知的な仕事と思われていたことでも、コンピューターに置き換えられてしまうことが多くなるでしょう。

今のところ、コンピューターだけで意思決定はできません。これが人間とコンピューターの大きな違いだと思いますが、意思決定をする脳についての研究が進めば、その研究成果をもとにした別のシステムをつくることができるのではないかと思います。そうすれば今のコンピューターとはまったく違ったコンピューターができて、その新しいコンピューターができないことは何かという議論が起こるのかもしれません。

二〇一四年のシンポジウムは、そんなことを考えるきっかけにもなったのではないかと思います。

『ヒト』という複雑なシステムについて、これからどんなことが明らかになってゆくのか、その展開を楽しみにしています。

二〇一四年一〇月

一般財団法人 武田計測先端知財団
理事・事務局長 赤城三男

索　　引

あ　行

か　行

索　引

さ　行

索　　引

た 行

な 行

は 行

ま　行

や～わ

科学のとびら57
人間とは何か
先端科学でヒトを読み解く
二〇一四年一〇月一七日　第一刷　発行
編　集　一般財団法人
　　　　武田計測先端知財団
発行者　小　澤　美　奈　子
発行所　株式会社　東京化学同人
東京都文京区千石三－三六－七（〒一一二－〇〇一一）
電　話　〇三－三九四六－五三一一
ＦＡＸ　〇三－三九四六－五三一六
印刷・製本　美研プリンティング（株）

 ISBN978-4-8079-1297-1

科学のとびら

54 宇宙から細胞まで
― 最先端研究の現状と将来 ―

武田計測先端知財団 編
岡野光夫・木賀大介・小林富雄・唐津治夢 著

B6判　144ページ　本体価格1400円＋税

先端科学を駆使した注目の三つの研究を紹介した読み物．「宇宙創成の初期状態をつくってヒッグス粒子を観測」，「人工細胞をつくって生物の本質を理解」，「細胞シートをつくって障害臓器に貼りつけるだけの画期的な再生医療を開発」．

主要目次：最高エネルギー加速器で宇宙の初めにせまる／生命・細胞をつくる／細胞シート再生医療／最先端研究の課題と展望

56 動物たちの世界
― 六億年の進化をたどる ―

P. Holland 著／西駕秀俊 訳
B6判　162ページ　本体価格1200円＋税

動物とは何か？本書はこの問いかけから出発し，多様な動物たちの世界をわかりやすく解説していく．その中で，ゲノム解析や発生生物学の知見に基づいた新しい進化系統樹のエッセンスをコンパクトに紹介し，動物界の全体像にせまる．

主要目次：動物とは何か／動物門／動物の進化と系統樹／始原的動物／左右相称動物／冠輪動物／脱皮動物／新口動物Ⅰ，Ⅱ，Ⅲ／謎の動物